Hans van der Loo und Patrick Davidson

Musk Mania

Hans van der Loo
und Patrick Davidson

MUSK MANIA

DENKEN WIE ELON MUSK

Die 5 genialen Prinzipien seines irren Erfolgs

Aus dem Niederländischen
von Birgit Erdmann

ARISTON

Die Originalausgabe erschien 2016 unter dem Titel
Musk Mania, De 5 waanzinnige succesprincipes
van Elon Musk bei Vakmedianet.

Bibliografische Information der Deutschen Bibliothek
Die Deutsche Bibliothek verzeichnet diese Publikation in der
Deutschen Nationalbibliografie; detaillierte bibliografische Daten sind
im Internet unter www.dnb.de abrufbar.

FSC
www.fsc.org
MIX
Papier aus verantwortungsvollen Quellen
FSC® C084279

Verlagsgruppe Random House FSC® N001967

Aus dem Niederländischen von Birgit Erdmann

Redaktion: Evelyn Boos-Körner
Umschlaggestaltung: Hauptmann & Kompanie Werbeagentur, Zürich,
unter Verwendung eines Fotos von © TODD ANDERSON/NYT/Redux/laif
Satz: Satzwerk Huber, Germering
Druck und Bindung: Print Consult GmbH, München
Printed in Slovakia

ISBN: 978-3-424-20217-5

Der vernünftige Mensch passt sich der Welt an.
Der unvernünftige Mensch besteht auf dem Versuch,
die Welt sich anzupassen.
Deshalb hängt aller Fortschritt von unvernünftigen Menschen ab.

George Bernard Shaw

Für Sebas, Joran und Casper

Mach, was dir gefällt. Das gibt dir Energie.
Mach es oft. Dann wirst du wie von selbst gut darin.
So wird das Unmögliche wahr.
Nicht, weil es sein muss, sondern weil du es willst.
Hans van der Loo und Patrick Davidson

Inhalt

Vorwort
von Eva de Valk

Tief beeindruckt. So verlasse ich nach meinem Besuch für eine Reportage für das *NRC Handelsblad* die Tesla Factory im kalifornischen Fremont, die in der San Francisco Bay gegenüber dem Silicon Valley liegt. In einer strahlend weißen Fabrik arbeiten Menschen an der Produktion von Teslas Luxuslimousine Model S und werden dabei von knallroten hypermodernen Robotern unterstützt. Am Ende der Fabrikhalle befindet sich ein Förderband, bei dem unter lautem Jubel die glücklichen Autokäufer ihr auf die eigenen Wünsche zugeschnittenes Exemplar in Empfang nehmen werden.

Ich habe die Fabrik Anfang 2013 besichtigt. Damals waren erst ein paar Tausende Teslas verkauft worden und es war noch vollkommen unklar, ob und wie viele Verbraucher die Umstellung auf ein Elektroauto wagen würden. Mir war allerdings recht schnell bewusst, dass sich in Fremont etwas ganz Besonderes abspielte. Denn hier arbeiteten Tausende Menschen, die von der Mission des Gründers Elon Musk begeistert waren und an sie glaubten: Das Auto der Zukunft ist nachhaltig, luxuriös, sexy und in jeglicher Hinsicht exzellent. In hohem Tempo und größter Verzückung führte man mir alle komfortablen Details vor. Den gigantischen Touchscreen! Den Kofferraum, vorne, dort wo normalerweise der Motor ist! Und natürlich die wahnsinnig starke Batterie, die das Auto aus dem Stand in fünf Komma sechs Sekunden auf einhundert Kilometer pro Stunde beschleunigt!

Diese berauschte Erregtheit für ein Produkt hatte ich zuvor nur bei Apple erlebt. Elon Musk gilt im heutigen Silicon Valley daher auch als *der* Nachfolger von Steve Jobs. Jobs schwang sein Zepter über Apple, Musk hingegen leitet gleich zwei Unternehmen: Tesla und das Raumfahrtunternehmen SpaceX. Denn Musk möchte nicht nur die Nachhaltigkeit revolutionieren, er möchte, sollte die Erde einmal unbewohnbar werden, auch den Mars besiedeln.

Große Träume verwirklichen – das ist der rote Faden in Elon Musks Leben. Auf den ersten Blick sind seine Ambitionen Jungenträume: schnelle Autos und Raketen. Doch hinter diesen Jungenträumen steckt eine große Vision.

In unserer Welt muss man über solch große Visionen immer ein wenig schmunzeln. Trotzdem lohnt es, sich ein wenig in Musks Gedankenwelt zu vertiefen. Denn er hat nicht nur große Ambitionen, es gelingt ihm auch häufig, sie zu verwirklichen. Nehmen Sie das Beispiel Tesla: Kurz nach meinem Besuch rief der amerikanische Verbraucherverband Model S zum besten Auto in der Geschichte aus.

»Elon Musk ist ein Wavemaker«, schreiben Hans van der Loo und Patrick Davidson. Mit seiner klaren Vision, Mut,

Willenskraft und der Gabe, die Menschen in seiner Umgebung in Bewegung zu bringen, gelingt es ihm, die Welt zu verändern. Wie genau das funktioniert, erfahren Sie in diesem Buch. Denn auch, wenn Sie nicht vorhaben, gleich zwei Unternehmen zu führen oder auf den Mars zu reisen, ist Elon Musk jemand, der Sie dazu inspirieren kann, Ihren eigenen Träumen nachzujagen. Anhand Musks Lektionen zeigen die Autoren, dass jeder Mensch den Unterschied ausmachen kann.

Eva de Valk
Autorin, Technikjournalistin und ehemalige Korrespondentin für das *NRC Handelsblad* im Silicon Valley

Einleitung

»Hey Jungs, ich denke, wir bauen die Rakete einfach selbst.«
Elon Musk

Elon Musk, der ultimative Wavemaker

1. April 2016: Weltweit stehen Zehntausende Menschen Schlange, um ein Auto zu kaufen, das es bislang nur auf dem Papier gibt. Für eintausend Dollar dürfen sie sich virtueller Besitzer eines Elektroautos nennen, das erst in ein oder zwei Jahren lieferbar sein wird: das Tesla Model 3.

Ein paar Tage später nimmt Tesla die Gigafactory in Betrieb. Diese riesige Batteriefabrik produziert innovative Batterien, die dreimal stärker und besser sind, als man es bislang kannte. Wenn die Fabrik demnächst auf vollen Touren läuft, werden die Batterien noch stärker werden. Und Tesla wird auf einen Schlag zum größten Batterieproduzenten der Welt. Aber das ist nur eine nette Randnotiz. Denn die Fabrik ist mehr als eine Profitmaschine. Der Traum einer nachhaltigen Welt steht an erster Stelle. Die Firma Tesla veröffentlicht sogar ihre Entwurfsskizzen, damit auch andere Unternehmen an dem Traum für mehr Nachhaltigkeit mitwirken können.

Und wieder ein paar Tage später gelingt dem amerikanischen Unternehmen SpaceX die Landung einer Rakete auf einer kleinen, unbemannten Plattform, die mitten im Meer schwimmt – zum ersten Mal in der Geschichte. Ein Experte behauptet, diese Leistung sei vergleichbar mit dem »Flug eines Bleistifts bei Sturm über das Empire State Building, um danach in einem Schuhkarton zu landen«. Auf den Videobildern sieht es aus, als würde man einem »normalen« Raketenabschuss zusehen, dann aber rückwärts abgespielt. Mitten im Meer wird die grazile turmhohe Rakete tadellos auf einem Schiffsdeck geparkt. Bereit für den Rückflug. Denn darum dreht sich alles: die Wiederverwendung einer Rakete muss genauso einfach werden wie das Starten eines Autos.

Der ultimative Wavemaker: Träumer, Denker und Macher

Drei wahnsinnige Leistungen innerhalb einer einzigen Woche. Die treibende Kraft dahinter ist immer ein und derselbe Mann: der in Südafrika geborene kanadisch-US-amerikanische Erfinder, Unternehmer, Investor und Weltverbesserer Elon Musk. Der Mann, der in bis dahin hermetisch verschlossene Welten stürmt und dort alle und jeden mit seinen Leistungen sprachlos macht. Nur wenigen gelingt es, als Newcomer in der Autoindustrie Fuß zu fassen. Musk entfesselte mit seinen Teslas im Nu eine Revolution auf dem Gebiet der Elektrofahrzeuge. Sein Raumfahrtunternehmen SpaceX nimmt es mit seinen recyclingfähigen und bezahlbaren Raketen erfolgreich mit dem so gut wie abgeriegelten Bollwerk aus NASA, Boeing, Lockheed Martin und den entsprechenden russischen Unternehmen auf.

Während unserer intensiven Suche nach Wavemakers (Sie werden bald verstehen, was wir damit meinen) sind wir immer wieder auf Musk gestoßen. Für uns ist er sowohl die Verkörperung als auch die Klimax eines Wavemaker. Musk ist so viel mehr als nur Erfinder, Unternehmer und Investor. Er brilliert nicht nur auf den Wellen der Veränderung, es gelingt ihm auch, diese Wellen selbst auszulösen. Wie wahnsinnig seine Ideen auch immer klingen, er findet immer eine Möglichkeit, sie durchzuführen. Wie? Indem er seinem Herzen folgt und tut, was er wirklich will. Natürlich gibt es mehr von seiner Sorte. Doch Musk mit seiner phänomenalen Denkfähigkeit und Vorstellungskraft erkennt, was andere ignorieren. Hinzu kommt noch die Kühnheit, zu seinen riesigen Ambitionen zu stehen, die Gabe, seine Träume für sich arbeiten zu lassen, und die Tatkraft, genauso hart zu arbeiten wie zehn, wenn nicht gar einhundert Menschen. Nicht zu vergessen, die Fähigkeit, die besten Talente an sich zu binden, denn Musk überlässt die Ausarbeitung der Pläne gern Leuten, die mindestens genauso stark an seine Träume glauben wie er selbst. Er zeigt, wie man im Alleingang die Welt verändern kann, indem er eine Welle der Erneuerung auslöst und andere mit ins Boot holt.

Man liebt ihn oder man hasst ihn

Manche Menschen finden Musks Ideen eine Spur übertrieben. Andere nennen sie sogar größenwahnsinnig und verwerflich. Wie das häufig der Fall bei ausgesprochen echten Persönlichkeiten ist: Man liebt sie oder man hasst sie. Doch die Gruppe um ihn herum hat großen Zulauf. Überall, wo Musk auftaucht, strömen die Menschen zu ihm: Würdenträger, die in ihm die zukünftige Quelle für neue Arbeitsplätze sehen, Manager, die sich an seinen Zukunftsprophezeiungen laben, und die breite Öffentlichkeit, die anscheinend von seinen Weisheiten und inspirierenden Geschichten nicht genug bekommen kann. Denn Musk feuert in mörderischem Tempo allerlei revolutionäre Ideen auf uns ab, von neuen Möglichkeiten der Energiegewinnung und einem blitzschnellen Transportmittel bis zu seiner revolutionären Methode, Tunnel zu bohren. Und: Er macht das alles auch noch wahr.

In der Haut von Elon Musk

In diesem Buch enthüllen wir die fünf Grundprinzipien, die fünf Erfolgsrezepte der Wavemaker im Allgemeinen und des Elon Musk im Besonderen. Nun ist Musk keineswegs ein unbeschriebenes Blatt. 2015 ist bereits eine ausführliche Biografie über ihn erschienen. Im Internet zirkulieren Tausende Blogs und Hunderte Videoclips. Unzählige Artikel wurden über ihn veröffentlicht. Und trotzdem treffen wir regelmäßig auf Menschen, die noch nie von ihm gehört haben oder höchstens ein paar oberflächige Dinge über ihn wissen: »Ah, das ist doch der Mann mit den Elektroautos!« Oder: »Ist das nicht der Spinner, der auf den Mars fliegen will?«

Neben einem schnellen und leichten Zugang in die wundersame Welt des Elon Musk bekommen Sie hier die Möglichkeit, in seine Haut zu schlüpfen. Lernen Sie von ihm. Denken Sie groß. Kühn. Entschlossen. Werden Sie ein Wavemaker. Auf Ihre ganz persönliche Art und Weise. Es gibt nur wenige Menschen, die das können oder wagen, was Musk tut. Das ist auch nicht nötig. Aber in einer Zeit, in der die Wellen der Erneuerung heftig aufeinanderprallen, ist es angebracht, auch in Ihnen das Innovationsfeuer zu entfachen.

Laut einer Umfrage in den Niederlanden behaupten zwanzig Prozent der Arbeitnehmer von sich selbst, ein Wegbereiter des Fortschritts zu sein. Achtzig Prozent sehen sich also nicht so. Wir hoffen, dass der Funke der Fortschrittsbegeisterung nach der Lektüre dieses Buchs auf Sie überspringt. Lassen Sie, mit Musk als Vorbild, die Wavemaker-Prinzipien Ihre Fantasie anregen. Und wagen Sie anschließend den Schritt vom Träumen und Denken hin zum Machen: Setzen Sie die Prinzipien um und vergrößern Sie so Ihren eigenen Handlungsspielraum, um das für Sie zuvor Undenkbare zu leisten.

Die fünf Prinzipien, um Wellen zu erzeugen

1. Bieten Sie Hoffnung an bangen Tagen.
2. Beobachten Sie sehr aufmerksam.
3. Auf zum Mars!
4. Spielen und gewinnen …
5. Bringen Sie Menschen in Bewegung.

Um eine echte weltverändernde Welle auszulösen, braucht es immer einen eigenen persönlichen Touch. Bei Elon Musk kommen hier seine besondere Persönlichkeit sowie die einzigartige Kombination aus Träumer (Vision), Denker (wissenschaftliche Untermauerung) und Macher (Unternehmertum) zusammen. Mindestens genauso wichtig ist die Tatsache, dass er von einer Art Urkraft angetrieben wird. Und das ist es, was wir mit »Manie« meinen.

Lernen Sie Elon Musk kennen und lernen Sie, wie er die fünf Prinzipien der Wavemaker auf unnachahmliche Weise umsetzt.

Die turbulente Welt des Wavemaker

»Ganz normale Menschen können sich dafür entscheiden, besonders zu sein. Daran glaube ich.«

Elon Musk

Ein halb nackter Junge tanzt auf einem Hügel. Während er Wahnsinns-Moves vollführt, kommt ein zweiter Tänzer hinzu. Und noch einer. Schließlich gesellen sich zu der kleinen Gruppe dieser Spitzenkandidaten immer mehr enthusiasmierte Menschen, und bevor man es sich versieht, ist der Hügel von einem tanzenden Menschenknäuel bedeckt. Ein einziger einsamer Tänzer, der eine ganze Gruppe in Bewegung bringt … magisch. Aber das ist es nicht. Es ist die Kraft des Wavemaker.

An der Tradition orientierte Führungspersönlichkeiten fahren einen beständigen Kurs in einer Atmosphäre von Sicherheit und Vertrauen. Doch in dieser flüchtigen, unsicheren und komplexen Zeit braucht es weniger Stabilität, sondern viel mehr Dynamik. Führungskräfte, die schnell aktiv werden und ständig in Bewegung bleiben. Menschen, die auf Wellen reiten, diese Wellen aber auch selbst verursachen. Das sind Wavemaker. Wavemaker sind Störenfriede, Heilsbringer, Wegbereiter und Verkünder. Sie brechen mit bestehenden Strukturen und Selbstverständlichkeiten und erschaffen neue Möglichkeiten. Sie blicken immer vorwärts, bieten Perspektive und Hoffnung in bangen Zeiten. Nicht indem sie schauen, was falsch läuft, sondern indem sie schauen, was möglich ist. Sie inspirieren nicht nur, sie sind auch die Vorreiter, die den Hals riskieren und die umtriebig an der Verwirklichung ihrer oftmals turmhohen Ambitionen arbeiten. Sie tun heute schon, was morgen nötig ist. Wavemaker sind dadurch die treibenden Kräfte hinter zahlreichen neuen Initiativen, neuen Ideen und Verhaltensweisen, die sich massenhaft und rasend schnell in der ganzen Welt verbreiten. Damit haben sie großen Einfluss auf das Denken und Handeln anderer Menschen, sie selbst eingeschlossen. Wavemaker gedeihen in einer turbulenten Welt. Und sie schüren diese Turbulenzen noch, denn sie wissen: Nur wer Wellen produziert, kann auf ihnen reiten.

»Wavemaker tun heute schon,
was morgen nötig ist.«

Flutwellen

Wenn man weiß, wie es funktioniert, erkennt man auch die festen Rollen, Prinzipien und Muster, die auf die Entstehung und das Aufleben einer Bewegung einwirken. Dies gilt sowohl für ungestüme Wellen auf See als auch für Ideen, Verhaltensweisen, Gefühle, Meinungen und Produkte. Wie ein einziger Kranker mit seinem Virus eine Grippewellenepidemie auslösen kann, kann ein einziger Querdenker viele alteingeführte Selbstverständlichkeiten zur Debatte stellen. Eine einzige Erfindung kann die Welt aus den Angeln heben. Das Muster ist immer dasselbe: Es beginnt im Kleinen und wächst ins Gigantische. So gelingt es einem Einzelnen, riesige Flutwellen zu verursachen. Genau das ist es, was Wavemaker tun.

Wavemaker gibt es in allen Sorten und Schattierungen. Wavemaker sind oft Individualisten, sie bilden manchmal eine kleine Gruppe und noch seltener komplette Organisationen oder Instanzen. Häufig sind es Menschen mit einem zeitweiligen Einfluss auf lokalem Gebiet. Ein ziemlich eingängiges Beispiel ist die Stadionwelle. Jemand springt in einem Fußballstadion plötzlich auf, reißt beide Arme in die Luft und lässt sie wieder sinken. Bevor man weiß, wieso, macht das ganze Stadion bei seiner »La Ola« mit. Anderes Beispiel: Jemand fängt während eines Konzerts oder einem Vortrag zu klatschen an, einen Moment später wogt der Applaus durch den ganzen Saal. Die Wirkung solcher Wellen ist begrenzt. Das gilt sowohl für die Dauer (nach einer Weile wird es von selbst wieder ruhig) als auch für die Reichweite (außer den Anwesenden wird niemand davon angesteckt) und den Effekt (kurz darauf ist alles wieder beim Alten).

Doch es gibt Wavemaker, die richtige Flutwellen auslösen. Flutwellen können in ein paar Minuten alles wegspülen, was zuvor mühsam aufgebaut worden ist: Straßen und Gebäude, Traditionen und Erfolgskonzepte. Gleichzeitig schaffen sie Raum für Innovationen. Elon Musk ist ein Wavemaker, der weiß, wie man Flutwellen erzeugt.

Musk Mania: manisch positiv

Elon Musk steht sogar an der Wiege einer echten Musk Mania. Damit sind gleich zwei Beobachtungen gemeint. Zum einen die manische Art, mit der Elon Musk der Welt seinen Stempel aufdrückt, und das nicht nur mit seiner außergewöhnlichen Leidenschaft und großen Begeisterung, sondern auch in einem wahnsinnigen Tempo. Die Begriffe »manisch« und »wahnsinnig« werden oft synonym für das Wort »verrückt« benutzt. Wir sehen das Manische und Wahnsinnige hier aber durch und durch aus positiver Perspektive: im Sinne von Ideenreichtum, Eigensinnigkeit und Enthusiasmus. Und selbst wenn sein Charakter auch seine Schattenseiten hat, Elon Musk ist vor allem manisch positiv. Ein gegenwartsbezogener und rastloser Befreier, der einer zerrissenen und abgedrifteten Welt neue Hoffnung bieten möchte. Als ein positives Mittel gegen Apathie und Fatalismus rüttelt er Menschen wach und bringt sie in Bewegung.

Zum anderen verweist »Musk Mania« nicht nur auf den manischen Hang seiner Person selbst, sondern auch auf die großen Wellen, die er auslöst. Elon Musk ist so ziemlich der Einzige, dem es gelingt, die Medien kontinuierlich zu beherrschen, Würdenträgern und Investoren einen Floh ins Ohr zu setzen und Konsumenten, wie beispielweise mit der Anschaffung eines noch nicht produzierten Autos, zu irrationalem Handeln zu verleiten. Elon Musk ist der halb nackte Tänzer, der die Menschenmassen in Bewegung bringt. Dann aber sofort auf höchstem Niveau. Manische Szenen kennt man von den Hypes um Spitzensportler und Popstars. Die irren Szenen, die sich bei den Beatles abspielten, wurden in den 1960er-Jahren »Beatlemania« genannt. Heutzutage hat Justin Bieber seine »Beliebers«. Und auch um Formel-1-Fahrer Max Verstappen droht eine Max Mania zu entstehen. Bei Musk geschieht dies im Superlativ. Er weiß, wie man Menschenmassen in Entzücken versetzt, Menschen, die in seiner Nähe sein und Teil seines Erfolgs werden wollen. Vor allem aber Menschen, die an ihn glauben wollen: Musketiere, nur mehr als drei.

Elon Musks Flucht

»Unternehmertum ist wie das Fressen von Glas oder der Blick in den Abgrund.«

Elon Musk

Elon Musks Leben liest sich wie ein Jungsbuch in drei Teilen. Es beginnt mit seiner »Flucht aus Afrika«: Nach einem mühseligen Start ins Leben verlässt Musk mit siebzehn Jahren Südafrika. Fast mittelos reist er nach Kanada und später in die Vereinigten Staaten. Dort beginnt der zweite Teil seiner Lebensgeschichte, die »Flucht nach vorn«: Nach seinem Studium verdient er als Jungunternehmer im Silicon Valley Millionen. Der dritte und vorläufig letzte Teil besteht aus der »Flucht nach oben«. Im wörtlichen und im übertragenen Sinn. Musk erobert den Weltraum und macht zudem mit vielversprechenden Lösungen auf dem Gebiet der nachhaltigen Energie von sich reden.

Die Flucht aus Afrika: Es passt nicht zwischen Musk und seinem Umfeld

Elon Musk kommt am 28. Juni 1971 in der südafrikanischen Stadt Pretoria auf die Welt. Auf ihn folgten sein Bruder Kimbal und seine Schwester Tosca, sodass Elon als ältestes von drei Kindern aufwuchs. Mutter Maye, einst Favoritin für den Titel »Miss Südafrika«, ist auch heute noch, mit über siebzig Jahren, als Model aktiv, und betreibt eine Praxis für Ernährungsberatung. Vater Errol ist Inhaber eines erfolgreichen Ingenieurbüros. Es geht der Familie finanziell von Anfang an ausgezeichnet, doch die Beziehungen untereinander sind schwierig. Als Elon etwa sechs Jahre alt ist, trennen sich die Eltern. Maye zieht mit den Kindern nach Durban in ihr Ferienhaus.

Zwei Jahre später trifft Elon die Entscheidung: Er will fortan bei seinem Vater leben. Diese Entscheidung kommt überraschend, weil seine Mutter meint, sie hätten gut zusammengelebt, und weil der Vater des Öfteren ein ziemlich beherrschendes und manipulatives Verhalten an den Tag legt. »Sie können mit absoluter Sicherheit davon ausgehen, dass ich keine schöne Kindheit und Jugend gehabt habe«, sagt Elon später. »Es war eine Prüfung. Mein Vater war gut darin, uns das Leben zur Hölle zu machen.« Sein Bruder Kimbal fügt noch hinzu: »Er war nicht ganz richtig im Kopf. Ich bin mir sicher, dass Elon und ich das geerbt haben.« Mehr aber als unter seinem unbeständigen Zuhause leidet der junge Elon unter seinem sozialen Umfeld. In Südafrika herrscht eine starke Machokultur von robusten Kerlen mit großer Klappe und typischen Männerritualen. Dort ist kein Platz für einen verträumten Jungen mit der Ausstrahlung eines Nerds. Außerdem ist der junge Musk ein echter Besserwisser, der gern jeden korrigiert. Das macht ihn bei seinen Altersgenossen, die lieber Quatsch machen und Sport treiben als lesen, nicht gerade sehr beliebt. Er wird getriezt und regelmäßig zusammengeschlagen. Kein Wunder, dass er seine Jugend später als »ununterbrochen schrecklich« beschreibt.

Sein einziger Lichtblick ist das Lesen: über Erfinder, zukünftige Welten, neue Maschinen und Techniken. Nach der Schulzeit »wohnt« er in dem Buchladen vor Ort, in dem er sich in der Welt von Science-Fiction, Fantasy und Comics verliert. So entkommt er nicht nur der schlimmen Außenwelt und eignet sich Wissen an, der junge Elon scheint ab und zu sogar in eine Art Trance zu fallen. Er bekommt dann einen bestimmten abwesenden Blick. Wer ihn anspricht, dringt nicht zu ihm durch. Dies passiert so häufig, dass seine Eltern vermuten, er wäre taub. »Er verschwindet und ist dann in einer anderen Welt«, crinnert sich seine Mutter. »Das hat er immer noch. Ich lasse ihn dann in Ruhe, ich weiß ja, dass er gerade dabei ist, eine neue Rakete oder so etwas zu entwickeln.« In der Schule macht ihn diese Eigenschaft noch unbeliebter: Seine Träumerei wird als arrogant und irgendwie gestört interpretiert.

Musk war also schon in jungen Jahren ein in sich gekehrter Denker und Träumer. Aber war er auch bereits ein Macher? Jedenfalls nicht in der Schule, wenn man seinen Klassenkameraden und Lehrern Glauben schenken darf. Er mag klüger gewesen sein als der Rest, aber das setzt er nur selten ein. Dies ändert sich, als er mit neun Jahren in einem Elektrofachgeschäft einen Computer entdeckt. »Ich hatte so etwas wie ein ›Wow, shit‹-Erlebnis. Den musste ich haben. Ich lag meinem Vater so lange damit in den Ohren, bis er ihn mir kaufte.« Zu dem Computer gehörte ein Übungsbuch mit genügend Lektionen für die nächsten sechs Monate. Elon eignet sich das Wissen in drei Tagen und drei Nächten an. Sein neues Hobby bringt ihm auch den ersten finanziellen Gewinn ein. Mit zwölf Jahren verkauft er die Software seines ersten Computerspiels für fünfhundert Dollar an eine Zeitschrift.

Die Kombination aus Computerkenntnissen und den kommerziellen Möglichkeiten, die das schnell aufkommende Internet bieten, bilden also den Schlüssel zur zweiten Episode seines Lebens: das erfolgreiche Unternehmertum.

Die Flucht nach vorn: Studium und Start-ups

Es läuft nicht wirklich gut mit Elon und Südafrika. Schon in seiner Teenagerzeit träumt er von einem Umzug in die Vereinigten Staaten, das Land der unbegrenzten Möglichkeiten. Da seine Mutter Kanadierin ist, nimmt Elon Kanada als Zwischenstopp. Der Drang, koste es, was es wolle, seinem früheren Umfeld zu entkommen, muss groß gewesen sein, denn Musk bricht völlig unvorbereitet nach Kanada auf. Er weiß von einem entfernten Großonkel in Montreal, springt ins Flugzeug und hofft das Beste. Bei seiner Ankunft stellt sich heraus, dass der Großonkel schon lange weggezogen ist. Mit nur einhundert Dollar in der Tasche ist Elon größtenteils auf sich selbst gestellt. Mithilfe seiner verstreut im Land lebenden Verwandtschaft gelingt es ihm, eine Bleibe und einige schlecht bezahlte Jobs zu finden. Als seine Mutter und seine Geschwister beschließen, ebenfalls nach Kanada umzuziehen, kommt die Familie in Ontario wieder zusammen, wo Elon an der Universität studiert.

1992, Musk ist nun einundzwanzig Jahre alt, erhält er von der University of Pennsylvania ein Stipendium und zieht in die Vereinigten Staaten. Dort stellt er sich die Frage, was in Zukunft den größten Einfluss haben könnte, um die Welt zu verbessern. Seine Liste: Internet, nachhaltige Energie und Raumfahrt. All diese Punkte nimmt er sich in den folgenden Jahren systematisch vor.

1994 unternehmen Elon und sein Bruder einen Roadtrip, der sie ins Silicon Valley führt. Die positive Energie, die dort in der Luft liegt, die gigantischen Ambitionen, die die Menschen dort zu immer höheren Leistungen antreiben, und die Freiheit, zu tun, was einem im Kopf herumspukt – all das beeindruckt die Brüder so sehr, dass sie beschließen, im nächsten Sommer wiederzukommen. Nach Abschluss des Studiums wird Silicon Valley sogar Elon Musks neues Zuhause.

Musks Versuch, eine Stelle bei der enorm angesagten Internetfirma Netscape zu bekommen, missglückt: Er läuft einfach unangekündigt hinein, steht etwas unbeholfen in der Lobby herum und ist zu schüchtern, jemanden anzusprechen. Unverrichteter Dinge geht er wieder.

Zeit für Plan B: Musk und sein Bruder gründen gemeinsam die Internetfirma Zip2 und veröffentlichen im Internet eine Art »Gelbe Seiten«. Wenig sensationell, aber für die ersten Erfahrungen als Jungunternehmer extrem wichtig. Es ist die klassische Geschichte von jungen Männern, die unter großem Druck und fast pleite Tag und Nacht schuften, um den gewünschten Erfolg zu erzielen. Vor allem Elon hat schwer daran zu knabbern, als Investoren ihn wegen mangelnder Führungsqualität aufs Abstellgleis schieben. Der Schmerz darüber wird letzten Endes dadurch wettgemacht, dass der damalige Computergigant Compaq die Firma für unglaubliche dreihundertsieben Millionen Dollar übernimmt. Zweiundzwanzig Millionen Dollar davon gehen direkt auf Elon Musks Bankkonto. Gerade einmal siebenundzwanzig Jahre alt, und schon im exklusiven Club der Dotcom-Millionäre angekommen!

Mit dem erworbenen Reichtum das Leben genießen und zur Ruhe kommen? Nicht Musk. Er hat sich längst etwas anderes in den Kopf gesetzt: eine Onlinebank.

»Musk spekuliert nicht, er verwirklicht seine Träume systematisch und wohlüberlegt.«

Dank eines Praktikums bei einer großen Bank glaubt Musk zu wissen, dass Bankiers in der Regel reich und bequem sind. Musk will mit einer Internetbank die Finanzwelt aufrütteln und mit seinem Unternehmen gegen die Ineffizienz vorgehen. Das Resultat: PayPal. Das Unternehmen wächst rasend schnell, doch hinter den Kulissen wütet ein Riesenkrach zwischen den aufeinanderprallenden Egos. Auch dieses Mal stößt Musks Persönlichkeit auf Widerstand bei seinen Partnern und Investoren. Auf nicht sehr nette Weise – Musk ist gerade auf Hochzeitsreise, als er die Nachricht erhält – wird er kaltgestellt. Zwar bleibt er einer der größten Eigentümer, doch hat er kaum noch über den Kurs des Unternehmens mitzubestimmen. Musk geht auf Tauchstation, was ihm 2001 dennoch einen Betrag von einhundertachtzig Millionen Dollar einbringt, als eBay die Firma übernimmt.

Die Flucht nach oben: jenseits der Sterne

Inzwischen ist aus Elon Musk eine der erfolgreichsten Ikonen des Silicon Valley geworden. Für ihn ist es genau der richtige Moment, um Vollgas zu geben und die Flucht nach oben zu wagen. Das Geld, das er mit dem Verkauf seiner Start-ups verdient hat, investiert er fast umgehend in ein neues Raumfahrtunternehmen, in einen kleinen Elektroautohersteller und – laut seinen Freunden aus impulsivem Spieltrieb – in eine Firma, die Solarmodule produziert. Doch Musk spielt nicht. Er geht systematisch und wohlüberlegt ans Werk, um seine Träume zu verwirklichen. Diese Träume sind in den aufreibenden Jahren zuvor etwas ins Hintertreffen geraten. Nun, mit dem Selbstvertrauen des allerorts gefeierten Unternehmers und mit hinreichenden Mitteln, um bei der Verwirklichung seiner Träume nicht gleich wieder von anderen abhängig zu sein, widmet sich Musk wieder seiner Passion aus der Jugendzeit, als er von Raumschiffen träumte, die Menschen zu anderen Planeten bringen. In Musks Augen ist das kein Luxus, sondern bittere Notwendigkeit. Wegen der Erschöpfung der natürlichen Ressourcen und den Gefahren eines möglichen Atomkriegs bleibt der Menschheit nichts anderes übrig, als mit Raketen auf andere Planeten im Weltall umzuziehen.

Musk ist noch offiziell als Berater bei PayPal angestellt, als er seine Weltraumpläne wieder aufnimmt. Seine Freunde im

Silicon Valley wissen nicht, was sie davon halten sollen. »Wenn er über den Raum sprach, dachte ich, er redete über einen Büroraum«, sagt einer von ihnen. Andere richten ihre Aufmerksamkeit lieber auf einen erfolgreichen Börsengang oder wollen auf leichte Weise einen großen Coup landen. In dieser Einstellung seines Umfelds aber sieht Musk ein Zeichen, dass das Silicon Valley nicht das Richtige für ihn ist. Seiner Meinung nach fehlt es dort an Unternehmern mit großen Idealen und praktikablen Ambitionen, um bahnbrechende Veränderungen zu bewirken. Alle klammern sich an das Internet. Für Musk ist das Netz jedoch nur eine Zwischenstation. Sein eigentliches Ziel ist der Weltraum.

Um dieses Ziel zu erreichen, zieht er nach Los Angeles. Dort kann er sich mit Raumfahrtexperten von Weltrang umgeben und mit ihnen seine Ideen ausfeilen. Er meldet sich bei dem örtlichen Netzwerk von Raumfahrtbegeisterten an und fällt sofort durch seine eindringliche Art, Fragen zu stellen, auf. Ein angesehenes Mitglied dieses Clubs: »Er wusste nicht sehr viel von der Raumfahrt, hatte aber die Mentalität eines Wissenschaftlers.« Gemeinsam entwickeln sie 2001 eine Vision, Mars Oasis: Den Transport eines kleinen Gewächshauses mit getrockneten Samen und Wasser zum Mars, um so Leben auf dem roten Planeten zu ermöglichen.

Da die NASA keine Pläne hat, in nächster Zeit den Mars zu erkunden, beschließt Musk, selbst aktiv zu werden. Er reist verschiedene Male nach Russland, um ein paar preiswerte Raketen zu erwerben. Doch er wird immer wieder abgewiesen. Entmutigt kehrt er mit seinem Team nach Hause zurück. Seine Kollegen geben sich auf dem Rückflug den nötigen alkoholischen Getränken hin, Elon Musk jedoch nicht. Der arbeitet am Laptop, dreht sich um und zeigt dem Team ein Spreadsheet. »Hey Jungs, ich denke, wir bauen die Rakete einfach selbst.« Monatelang hat er wie ein Schwamm alles Wissen der Raumfahrtexperten aufgesogen. Wie früher hat er unzählige Bücher verschlungen, um zu der Erkenntnis zu gelangen, dass man Raketen eigentlich viel billiger herstellen kann.

Er kontaktiert fanatische Raumfahrtingenieure. Eine alte Lagerhalle in einem Vorort von Los Angeles wird zur Produktionsstätte und zum Hauptquartier umfunktioniert. Die Schreibtische der Büroangestellten stehen verstreut in der Fabrik herum, sodass jeder – einschließlich Musk – einfach ansprechbar ist und man direkt miteinander ins Gespräch kommen kann.

Kurz nachdem er sich in sein Raumfahrtabenteuer gestürzt hat, beschließt er, einen beträchtlichen Teil seines Vermögens in ein anderes revolutionäres Projekt zu stecken: die Produktion cooler Elektroautos. Mit seiner Firma Tesla – benannt nach dem bekannten Erfinder Nikola Tesla, einem von Musks großen Vorbildern – stellt er sich als Anwalt von graziösen, schnellen und auf nachhaltiger Energie basierten Autos auf. Seine Strategie: das Elektroauto in drei Schritten zu lancieren. Erstens: die Entwicklung eines elektrischen Sportwagens, um zu beweisen, dass es cool sein kann, mit Strom zu fahren.

Dann die Luxuslimousine Model S, um mit den tonangebenden Marken wie BMW und Mercedes zu konkurrieren. Und als vorläufigen Schlussakkord: die Produktion eines preisgünstigen Elektroautos für die Massen. Das Geld, das noch übrig ist, investiert er 2006 in SolarCity, eine Firma, die auf die Produktion von Solarmodulen spezialisiert ist und die zwei seiner Cousins führen. Ende 2016 geht SolarCity in Tesla Motors über, das gleichzeitig in Tesla umbenannt wird, ein integriertes Energieunternehmen, das nicht nur Autos herstellt, sondern auch Batterien und andere Produkte zur Energiegewinnung.

Die Ausarbeitung eines völlig neuen Autokonzepts und der Abschuss von Raketen in den Weltraum ist natürlich sehr viel komplizierter, als man denkt, und so scheinen Kritiker und Skeptiker 2008 recht zu bekommen – und das schneller als gedacht. Denn nicht nur der Raketenstart erweist sich als Flop, auch der Sportwagen wird von den Medien als größter Hightech-Misserfolg aller Zeiten abgeschrieben. Zudem bricht die Weltökonomie zusammen und die Automobilindustrie muss zahlreiche Nackenschläge einstecken. Der Boden von Musks Geldschatulle kommt schnell in Sicht. Auch auf persönlichem Gebiet läuft es nicht gut. Die Ehe mit Justine, seiner Liebe aus Studententagen, geht in die Brüche. Dies führt zu einem heftigen Rosenkrieg, auf den sich die Medien gierig stürzen.

Doch dann glückt der vierte Raketenabschuss und die NASA schließt mit Elon Musks Firma SpaceX einen Milliardendeal für die Versorgung ihrer Raumstationen ab. Später gelingt es SpaceX als einzigem Unternehmen sogar, Raketen ins All zu schicken und sie heil wieder auf der Erde zu holen. Das halbiert die Kosten und macht es ein Stück billiger, in der Zukunft Fracht, Wissenschaftler oder selbst Touristen in den Weltraum zu befördern.

Seit diesem geglückten vierten Abschuss hat Elon Musk wieder Rückenwind. Es scheint sogar, als könnte er nach dem überwundenen Tiefpunkt im Jahre 2008 alles zu Gold verwandeln. Man kann es Glück nennen. Doch es ist ein Glück, das er sich selbst erarbeitet hat, da er unerschütterlich an seine Träume glaubt. Selbst in seinen schlechtesten Momenten grübelt er nicht darüber nach, lieber auf Nummer sicher zu gehen und seine Firmen zu verkaufen. Damit zeigt er so viel Ausdauer und Hartnäckigkeit, dass das Glück schon von selbst wiederkommt. Das ist die Fähigkeit, die Zukunft erstrahlen zu lassen.

Elon Musk: Ist er seltsam langweilig?

»Wenn man einmal erkannt hat, welche Frage man wirklich stellen muss, fällt die Antwort relativ leicht.«

Elon Musk

»Seine Taten mögen groß sein, aber Himmel, was ist der Typ langweilig!«, stöhnte ein niederländischer Journalist nach der Lektüre von Musks Biografie. Und er ist nicht der Einzige, der dieses Wort neben Umschreibungen wie »verrückt« und »genial« in den Mund nimmt. Aber was erwartet man von einem Mann, der sechzehn Stunden am Tag arbeitet, der weder Zeit noch Lust hat, tiefgründige Interviews zu geben, und obendrein noch alles, was notiert wird, kontrollieren und korrigieren möchte? Diese vermeintliche Langweiligkeit hat außerdem mit seinem psychologischen Profil zu tun. Ein Profil, das auch für die so besondere Kombination aus Denker, Träumer und Macher sorgt.

Elon Musk ist ein INTJ. Dies ist ein Buchstabencode aus dem Myers-Briggs-Typenindikator, einem weltweit gern eingesetzten Instrument, um Persönlichkeitsprofile zu erstellen.[1] Die Buchstaben stehen für: Introversion (I), Intuition (N), Thinking/Denken (T) und Judgement/Beurteilung (J).

Menschen mit der Klassifikation der Kategorie INTJ sind oftmals Wissenschaftler, Analysten oder Superhirne. Wir verwenden auch gerne den Begriff »Mastermind«. Denn für INTJers ist das Leben ein abstraktes Puzzle, das es zu lösen gilt. Echte Superhirne: Denker mit einem enormen Vorstellungsvermögen. Sie denken unabhängig, sind neugierig, entschlussfähig und ambitioniert, sie sind aber auch verschlossen und in sich gekehrt. Superhirne stecken nur einen Bruchteil ihrer Energie in soziale Kontakte.

Durch ihren natürlichen Wissensdurst werden Superhirne als Kinder häufig als »Bücherwurm« bezeichnet. Und obwohl dies nicht immer als Kompliment gemeint ist, finden sich die meisten darin wohl wieder. Denn sie genießen ihr breites und gediegenes Wissen sehr. Masterminds sind fest davon überzeugt, dass alles möglich ist, wenn man nur über genügend Intelligenz und Einsatzbereitschaft verfügt. Ihnen zufolge sind die meisten Menschen einfach nur zu faul, kurzsichtig und zu egoistisch, um ihre Möglichkeiten wirklich auszuschöpfen. Wer bei ihrem Denkvermögen und Tempo nicht mithalten kann oder, schlimmer noch, keinen Nutzen daraus zieht, braucht mit keinerlei Verständnis oder Respekt zu rechnen. Übrigens sind Superhirne leidenschaftliche Spieler, die bei einer Partie World of Warcraft, Fallout oder BioShock aufgehen. Klar doch: ein paar von Elon Musks Lieblingsspielen.

Superhirne: Denker, Träumer und Macher zugleich

Superhirne strahlen Selbstvertrauen aus. Ihre scharfe Beobachtungsgabe, Kreativität und ausgezeichnete Logik machen sie zu Persönlichkeiten, die ihr Umfeld prägen. Mit der allseits akzeptierten Wirklichkeit nehmen sie nie vorlieb. Regeln, Begrenzungen und Traditionen sind für diesen Persönlichkeitstyp einfach nicht hinnehmbar. Superhirne sind darauf aus, die Welt zu erschaffen, die sie im Kopf haben.

Obwohl ihre Ambitionen und ihr Tatendrang ziemlich oft impulsiv erscheinen, handeln Superhirne immer äußerst rational. Wie beseelt sie auf ihr Ziel auch zuarbeiten, sie bleiben immer wohlüberlegt. Diese Mechanismen wenden sie nicht nur bei Arbeitsprozessen an, sondern auch bei Menschen.

»Superhirne sind Denker, Träumer und Macher in ein und derselben Person.«

Typisch menschliche Neigungen wie lockere Gespräche und eine schöne Atmosphäre sind nichts für die nach Wahrheit, Tiefe und Perfektion strebenden Superhirne. Sie leben, als würden sie sich auf einem riesigen Schachbrett befinden und immer schon an den nächsten Zug denken. Ihr Superhirn befähigt sie dazu, verblüffend schnell zu lernen. Durch ihre Aufmerksamkeit und Intelligenz sind sie den anderen mit neuen Taktiken, Strategien und Katastrophenplänen immer voraus. So behalten sie die Lage im Griff und ihre Bewegungsfreiheit bleibt so groß wie möglich.

Nerd, Visionär und Unternehmer

Superhirne sind also zunächst einmal Nerds, die alles über- und alles Mögliche bedenken. Daneben sind es visionäre Himmelsstürmer, die ihren Träumen und Ambitionen nachjagen. Die Fokussierung auf das Denken und Träumen könnte sie zu sehr unbeholfenen Menschen machen. Aber dem ist nicht so, denn eine dritte Komponente verhindert dies: der Drang, das, was sie bedacht und sich erträumt haben, auch tatsächlich umzusetzen. Superhirne sind Denker, Träumer und Macher in einer Person. Eine bärenstarke Mischung aus Nerd, Visionär und Unternehmer.

Superhirne schalten mit Leichtigkeit zwischen kleinen Details und großen Szenarien hin und her. Ihr Wissen basiert auf eigenwilligen und oftmals originellen, abstrakten Sichtweisen und Gedanken, die sie überraschend in Zusammenhang bringen können. Als könnten sie dank einer Grafikkarte im Gehirn vollkommen visuell denken. Auf der anderen Seite haben sie eine Vorliebe für bewährte Prinzipien und feststehende Tatsachen. Ihre Gedankenwelt basiert auf Evidenz, also dem Offensichtlichen und Belegbaren, und stützt sich nicht auf intuitive Annahmen. Dies macht Superhirne kritisch und hellwach: Sie haben die Neigung, alle Informationen, die sie aufschnappen, andauernd zu überprüfen. Und die Lösung, mit der sie dann herausrücken, ist immer kristallklar. Zumindest in ihren eigenen Augen.

So denkt sich Musk als Kind einen Trick aus, um nicht länger Angst im Dunkeln zu haben. »Dunkelheit ist nichts weiter als das Fehlen von Licht«, sagt sich der junge Musk, wobei er Dunkelheit als »das Fehlen von Photonen in der wahrnehmbaren Frequenz von vierhundert bis siebenhundert Nanometern« umschreibt. Und wer fürchtet sich schon vor einem Mangel an Photonen?

Noch etwas: Menschen mit einem INTJ-Profil sind selten: Es handelt sich um höchstens zwei Prozent der Weltbevölkerung, davon etwas mehr Männer als Frauen. Gleich veranlagte Typen zu finden, die ständig den Hang verspüren, zu grübeln und alles zu überdenken, ist nicht leicht. Das macht Superhirne par excellence zu Einzelgängern, die ihr eigenes Ding machen. Dass andere sie langweilig finden, ist ihnen egal. Auch

Musks Vorbild Nikola Tesla war ein INTJ, aber das nur am Rande.

Persönlichkeitsprofile: nur ein erster Blick

Der Ordnung halber: Persönlichkeitsprofile sind nichts weiter als eine nützliche Art, sich einen Überblick über menschliche Vorlieben und Verhaltensmuster zu verschaffen und, wenn nötig, zu akzentuieren. Ihr Ziel ist es nicht, jemanden in eine bestimmte Schublade zu stecken. Persönlichkeitsprofile bestehen außerdem nicht ausschließlich aus angeborenen und schon gar nicht nur aus unabänderlichen Faktoren. Psychologen schätzen, dass dreißig bis vierzig Prozent des Verhaltens vererbt sind. Sechzig bis siebzig Prozent haben mit Lernprozessen und Umfeldeinflüssen zu tun, sie sind erlernt und abgeschaut. Man kann sein Profil also immer wieder aufpolieren und verändern.

Persönlichkeitsprofile lehren ganz allgemein, was für ein Pappenheimer man ist. Wie es im »Inneren« eines Menschen aussieht, lässt sich erst bestimmen, wenn man dessen Handeln und Wandeln aus der Nähe verfolgt. Aus diesem Grund haben wir Elon Musks Leben bislang nur im Schnelldurchlauf erkundet. Jetzt, da wir wissen, wie Musks Leben aussieht und was ihn antreibt, ist es an der Zeit, tiefer zu blicken und nachzuforschen, wie er als Wavemaker funktioniert. In den nächsten Kapiteln verdeutlichen wir dies anhand der fünf Erfolgsprinzipien.

Elon Musk, Superhirn hinter Tesla und SpaceX.

Foto: SpaceX

Im Januar 2018 veröffentlichte SpaceX dieses Foto von der Falcon Heavy Demo Mission auf der Abschussrampe 39A des Kennedy Space Center. Die Falcon Heavy ist die stärkste Rakete der Welt und laut SpaceX sogar doppelt so stark wie ihre Konkurrenten.

Foto: SpaceX

▸ 8. April 2016, ein wichtiger Moment auf dem Weg zur wiederverwendbaren Rakete: Die erfolgreiche Landung einer Falcon 9-Rakete auf dem Drohnenschiff „Of Course I Still Love You".

▾ Jeder Vorteil hat seinen Nachteil: Die Raketen, die wieder auf der Erde landen, brauchen einen Lagerplatz.

◄ Immer auf der Suche nach Verbesserungen setzt Tesla auf Roboter.

▼ Musk in seinem Element bei der jährlichen Aktionärsversammlung von Tesla, von einem Bekannten fotografiert.

▲ 2012, ein historischer Moment: Die Präsentation des ersten Tesla Modells S von Tesla Chief Technical Officer J. B. Straubel (rechts).

Fotos: Steve Jurvetson

Musk erwartet, dass 2025
die ersten Menschen auf
dem Mars landen können.

SpaceX artists' impression

Der Hyperloop ist das Konzept für ein neues Transportsystem. Elon Musk beschränkt seine Rolle vorläufig auf die des Ideengebers.

Fotos: Hyperloop Transportation Technologie

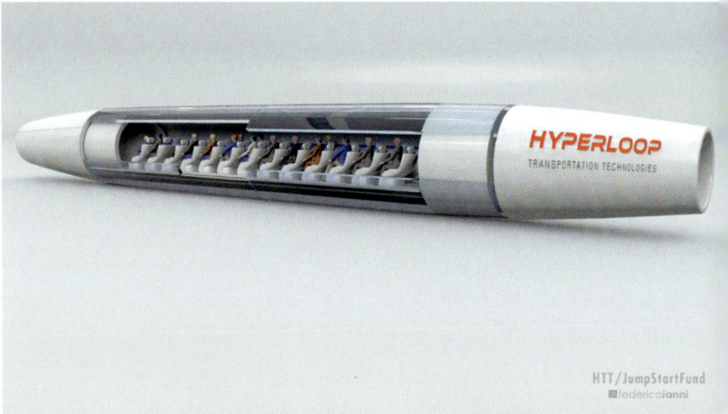

1. Prinzip: Hoffnung bieten an bangen Tagen

»Wenn Ihnen etwas wichtig ist, sollten Sie es unbedingt in die Tat umsetzen, auch wenn das Resultat aller Wahrscheinlichkeit nach ein Fehlschlag sein wird.«

Elon Musk

Was macht eigentlich einen Wavemaker wie Elon Musk so besonders? Er spendet an bangen Tagen Hoffnung. Er zeigt, dass die heutigen Probleme ein Sprungbrett für eine neue und bessere Welt sind. Dabei lässt er sich von Enthusiasmus, Optimismus und Selbstvertrauen leiten. Und dem Bewusstsein, dass die Hoffnung, die er bietet, den Unterschied ausmachen kann. Hoffnung bieten ist das erste Prinzip eines Wavemaker.

»Hoffnung ist die Freude, die man bei der Erwartung empfindet, dass die Zukunft positiv ausfallen wird«, sagte der Philosoph Spinoza – sehr vereinfacht ausgedrückt – einmal. Hoffnung ist mehr als ein Traum. Hoffnung ist der Glaube, dass ein Traum in Erfüllung geht. Irgendwann einmal. Bald. Wenn man nur genügend Einsatz zeigt, um diese Hoffnung wahr zu machen. Hoffnung ist Leben: Sie ist eine unerschöpfliche Energiequelle. Einmal von Hoffnung befallen, kann man jahrelang durch die Wüste ziehen, unter den schwierigsten Bedingungen überleben, ohne Mutlosigkeit und Erschöpfung zu verspüren, wenn etwas schiefgeht.

Wer hofft, richtet seinen Fokus auf etwas, das im Begriff ist, in Erfüllung zu gehen. Hoffnungsgeber helfen dabei. Sie fachen die Begeisterung an, um in Aktion zu kommen, und stimulieren eine optimistische Sichtweise auf das Geschehen. Sie spenden positive Energie, sperren die Luken auf und erzählen, dass die ersehnte Zukunft bereits vor der Tür steht, dass das Ideal in Reichweite ist. Sie spornen Sie an, in Bewegung zu kommen, allein oder gemeinsam mit anderen. Hoffnungsgeber geben Ihnen das Gefühl, dass Sie und nur Sie allein den Unterschied ausmachen. Hierdurch steigert sich Ihr Selbstvertrauen und damit auch Ihre Aktionsbereitschaft, sogar oder gerade in Zeiten von Unzufriedenheit und Unsicherheit. Denn Hoffnung beginnt mit der Erkenntnis, dass die Welt weit davon entfernt ist, vollkommen zu sein. Hoffnungsgeber zeigen, dass es nicht nur wünschenswert, sondern auch möglich ist, sich vom Gewesenen zu verabschieden. Sie stellen sich dabei an die Spitze einer Bewegung, die in eine neue Welt führt. Und genau das tut Elon Musk. Das macht ihn zu einem der stärksten Hoffnungsgeber unserer Zeit.

Visionäre Hoffnung

Musk lehrt uns, dass nur ein radikaler Bruch und eine fundamentale Erneuerung unseres Denkens und Handelns zu einer anderen und besseren Welt führen. Dies ist die Essenz der visionären Hoffnung, die ihre Wurzeln in der Aufklärung des siebzehnten und achtzehnten Jahrhunderts hat. Die Aufklärungsphilosophen brachen radikal mit den Heilserwartungen der christlichen Religion, die bis dahin den Ton angegeben hatten. Hoffnung gründete sich nicht länger auf die »zarte« Erwartung eines vagen Jenseits, sondern auf die »harten« Gewissheiten der modernen Wissenschaft. Dank Wissenschaft und Technologie liegt die Zukunft in Reichweite. Obwohl visionäre Hoffnungsgeber lange Zeit wenig Resonanz fanden, nimmt ihr Einfluss in letzter Zeit rasant zu. Im und um das Silicon Valley, dem Mekka der digitalen Technologie, gibt es die sogenannten Techno-Utopisten, in deren Augen Technologie die Antwort auf alle menschlichen und gesellschaftlichen Probleme ist. Sie stellen sich selbst an die Spitze einer Bewegung aus Weltverbesserern und Rettern der Menschheit. Einer ihrer prominentesten Vertreter? Eindeutig: Elon Musk.

Musks visionäre Hoffnung gründet sich auf die folgenden Voraussetzungen. Die drohende Verknappung fossiler Brennstoffe kann uns in der Zukunft teuer zu stehen kommen. Es gibt deshalb nur eine Lösung: alles auf nachhaltige Energie setzen. Doch auch dies wird die Menschheit auf Dauer nicht retten können. »Wenn wir nicht dafür sorgen, auf verschiedenen Planeten eine Zivilisation einzurichten, setzen wir uns möglichen Naturkatastrophen aus und es kann sein, dass unsere Zivilisation ausstirbt«, stellt Musk nüchtern fest.

Musk sieht darin die einzige Chance, die Menschheit zu retten. Und das ist keine launische Marotte. Da er als Kind gehänselt wurde, wurde ihm recht früh klar, dass in der Welt irgendetwas verkehrt läuft. Seine Liebe zu Science-Fiction und Fantasy brachte ihn schnell zu der Auffassung, dass es möglich ist, einer bösen Welt entkommen zu können.

Die Kraft der kombinierten Fähigkeiten

Doch »nur« als visionärer Hoffnungsgeber hätte Musk es wahrscheinlich nicht so weit gebracht und wäre wohl zu einem Guru geworden, der Bücher schreibt und Vorträge hält. Doch seine hoffnungsgebenden Qualitäten reichen weiter. Musk ist nämlich auch Erfinder. Und Erfinder bieten Hoffnung, weil sie klug und kreativ sind. Sie kreieren neue und hoffnungsvolle Perspektiven. Unter dem Motto »Was man sich ausdenken kann, lässt sich auch ausführen« kommen sie mit greifbaren Lösungen für die Zukunft. Technologie steht dabei im Mittelpunkt. Wiederverwertbare Raketen, Elektroautos und leistungsfähige Akkus: Das sind die greifbaren Beweise, die belegen, dass Musk nicht einfach das Blaue vom Himmel verspricht. Hinzu kommt eine extra Hoffnunggebende Qualität. Musk gelingt es nämlich, die begehrtesten Produkte auf den Markt zu bringen. Damit ist er nicht nur Visionär und Erfinder, sondern auch ein äußerst erfolgreicher »serial entrepreneur« (Menschen, die ein Unternehmen nach dem anderen gründen), der Tatkraft zeigt. Er wagt den Kampf gegen etablierte Kräfte und er macht da weiter, wo andere aufgeben. Musk legt die Latte hoch und wenn er auf Schwierigkeiten stößt, legt er noch eine Schippe drauf. Er ist das lebende Beispiel für den Gedanken, dass der Mensch nicht der Spielball externer Faktoren oder Naturgewalten ist, sondern dass jeder dazu in der Lage ist, die eigenen Chancen zu ergreifen und eigene Lösungen zu finden. Wo die meisten Hoffnungsgeber schon froh darüber sind, entweder Visionär, Erfinder oder Unternehmer zu sein, gelingt es Elon Musk mühelos, diese drei Rollen miteinander zu kombinieren. Und das macht ihn zu einem kombinierten Hoffnungsgeber. So ist es auch kein Zufall, dass Musk enorm populär unter Millennials ist.

Positive Emotionen als Kraftquelle der Hoffnung

Hoffnung nährt sich von positiven Gefühlen, die uns in Bewegung bringen. Etwas berührt oder inspiriert uns, wir wollen etwas sehr gern oder finden es schön. Auch Hoffnungsgeber lassen sich von positiven Emotionen leiten. Das ist etwas anderes, als johlend über glühende Kohlen zu laufen oder die Welt immerzu nur durch eine rosarote Brille zu betrachten. Bei positiven Emotionen geht es vielmehr um Gefühle wie Autonomie, Selbstvertrauen, Optimismus und Enthusiasmus. Diese Gefühle findet man bei Musk leicht.

Autonomie: Das liegt wohl in der Familie

Musks Autonomie steht außer Frage: Er ist eigensinnig, schwimmt gern gegen den Strom, setzt sich seine eigenen Ziele und braucht freie Hand, um sie zu verwirklichen, und zwar ganz so, wie es ihm passt. Er ist in jeder Beziehung der Chef seines eigenen Lebens. Bei allem, was er tut, steht er höchstpersönlich am Steuerrad. Zum Teil ist er dafür »erblich vorbelastet«. Seine Mutter gab ihm das Vorbild einer selbstständigen Frau, die für sich selbst sorgen kann. Ihr Vater und Elons Großvater Joshua Haldeman war ein unabhängiger und exzentrischer Mann. Er verlor während der Wirtschaftskrise in den 1930er-Jahren seinen Bauernhof, führte daraufhin ein Nomadendasein und verdingte sich als Bauarbeiter, Cowboy beim Rodeo und Chiropraktiker. Seine Abenteuer führten ihn und seine Familie schließlich nach Südafrika. Sie erzogen ihre Kinder ohne Bestrafungen zu möglichst großer Selbstständigkeit. Joshua ging davon aus, dass sie ein intuitiv richtiges Verhalten an den Tag legen würden. Obwohl weniger extravagant, wandte Elons Mutter bei ihren Kindern dieselben Erziehungsmethoden an. Auch sie gab ihren Kindern jede Menge Freiraum, damit sie selbstständige Entscheidungen treffen. So beschloss Elon schon als achtjähriger Junge, künftig bei seinem Vater zu leben. Und als er mit siebzehn nach Kanada aufbrach, legte ihm niemand Steine in den Weg.

Selbstvertrauen: die Bereitschaft, Risiken einzugehen

Musk ist nicht nur bis in die kleinste Zelle autonom, er verfügt auch über eine tüchtige Portion Selbstvertrauen. Sein Glaube in das eigene Wissen und Können ist groß. Er stützt sich dabei auf sein enzyklopädisches Wissen und sein fotografisches Gedächtnis. Auch ohne Notizen kann er noch Wochen nach einem Gespräch oder einer Konferenz jede Einzelheit wiederholen. Dinge, die er nicht weiß, aber für bedeutsam hält, eignet er sich im Handumdrehen an. Was ihn nicht interessiert, lässt er links liegen. Sein ausgeprägtes Selbstvertrauen führt dazu, dass er unbefangen ans Werk geht und nicht davor zurückschreckt, große Risiken einzugehen. Diese Risiken sind übrigens vorher immer gut durchdacht. Musk verlässt sich nicht nur auf seine Intuition.

> *»Musk verlässt sich nicht nur auf seine Intuition.«*

Superoptimist: Jede Schwierigkeit ist eine Chance

Musk ist auch ein Superoptimist. Er sprudelt nur so über vor Begeisterung, um seine Ziele zu realisieren. Seine intrinsische Motivation ist die eines positiven Machers. Er sieht in jeder Schwierigkeit eine Chance. Er beschäftigt sich nicht mit Problemen, sondern denkt in Lösungen. Fehler sind keine Quelle für Schuld oder Scham, sondern eine Möglichkeit, rasend schnell daraus zu lernen. Man sollte bloß nicht annehmen, Musk wäre naiv und gäbe sich einem blinden Optimismus hin. Niemals! Er ist realistisch genug zu wissen, worauf er sich einlässt und welche Risiken er eingeht. Er nutzt dafür seine positive Energie, die ihm Optimismus einbringt.

Überzeugender Enthusiast

Selbst wenn man die beste, kreativste und erfrischendste Idee der Welt hat, wenn man andere nicht davon überzeugen kann, steht man auch als Hoffnungsgeber mit leeren Händen da.

Musk weiß, wie wichtig es ist, seine Botschaft ins Rampenlicht zu stellen. Er versucht, seine (potenziellen) Anhänger auf alle möglichen Arten zu faszinieren. Wie? An erster Stelle, indem er immer wieder auf seine Anfänge hinweist: der Fakt, dass das Leben auf der Erde in Gefahr ist und wir uns nach einem Rückzugsort irgendwo im Weltall umtun müssen. Danach richtet er die Aufmerksamkeit auf einen unaufhörlichen Strom an Innovationen, die direkt auf diese Anfänge zurückzuführen sind. Zum Schluss verkündet er die Botschaft so enthusiastisch wie möglich. So gelingt es Musk, aus einem Raketenabschuss, heutzutage eher eine alltägliche Angelegenheit, ein besonderes Event zu machen. In einem Videostream (SpaceX Webcast) kann jeder den Abschuss live mitverfolgen. Als Zuschauer weiß man auf die Sekunde genau, was passieren wird und warum das so beeindruckend – »awesome!« – ist. Selbst die Erfolgsquote wird vorab verkündet: Beim Abschuss im Mai 2016 betrug sie zweiundsiebzig Prozent (keine grobe Schätzung »etwa zwei Drittel«, sondern exakt zweiundsiebzig Prozent!). Der Kommentar, der dazu geliefert wird, macht das Ereignis zu einem spannenden Wettkampf mit der Eröffnungsfrage: Glückt dieser Versuch, bei dem die Grenzen abgetastet werden, oder geht er schief?

Die Schattenseite

Vielleicht haben Sie nun die Vorstellung, Musk sei ein begnadeter Glückspilz, der nur glänzende Neuigkeiten zu verkünden hat und keine dunklen Seiten kennt. Doch Musk ist auch nur ein Mensch und hat mit den hellen und dunklen Kräften zu kämpfen, die ihm immer wieder den Weg versperren. Die erste ist: Übertreibung. Übertriebene Autonomie schlägt oft in Rechthaberei und manchmal in ein herrisches Verhalten um. Übertriebenes Selbstvertrauen führt zu Arroganz und übertriebene Begeisterung zu gewissenloser Leidenschaft. In den folgenden Kapiteln wird deutlich, dass Musk manchmal Mühe hat, die Balance zu halten, um nicht auf die dunkle Seite des Übertreibens abzudriften. Was ihm dabei manchmal im Weg steht, ist seine Kindheit. Als Junge versuchte Musk, der harten südafrikanischen Machokultur zu entkommen, was ihm größtenteils auch gelungen ist. Und trotzdem scheint er unbewusst bestimmte Elemente dieses harten Umgangs übernommen zu haben.

Dass er hart gegenüber feindlichen Konkurrenten ist und durchgängig keine allzu gute Meinung von ihnen hat, ist nachvollziehbar. Unternehmer sind oftmals Straßenkämpfer. Also ist es auch nicht verwunderlich, dass er Apple als »Friedhof von Tesla« bezeichnet, weil Apple nur »faule Äpfel« von Tesla stibitzt. Dass er scharf und hart bei Geschäftsentscheidungen argumentiert, kann man noch billigen. Ganz sicher auf dem

Niveau, auf dem er operiert. Unternehmensführung ist nun einmal nichts für Menschen mit schwachen Nerven. Doch selbst seine loyalsten Mitarbeiter können nur mit wenig Milde rechnen. Als seine langjährige treue Assistentin Mary Beth Brown um eine Lohnerhöhung bat, wimmelte Musk sie mit dem Vorschlag ab, ein paar Wochen Urlaub zu nehmen. In dieser Zeit würde er ihre Aufgaben übernehmen, um herauszufinden, wie wertvoll diese sind. Zurück aus dem Urlaub, bekam Brown ihre Entlassungspapiere. Wer die Menschheit retten will, sollte nicht über Geld herumnörgeln. Ein anderer Mitarbeiter verpasste wegen der Geburt seines Kindes ein wichtiges Ereignis. Musk schickte ihm umgehend persönlich diese E-Mail: »Das ist keine Entschuldigung. Ich bin schrecklich enttäuscht. Du solltest wissen, wo deine Prioritäten liegen. Wir verändern die Welt, wir verändern die Geschichte, und entweder machst du da mit oder du bist draußen.«

Musk selbst bestreitet den Vorfall, aber es gibt mehr als genug Hinweise von seinen Mitarbeitern und von seiner ersten Exfrau, aus denen hervorgeht, dass Musk regelmäßig die harte, negative Vorgehensweise gegenüber dem sanften, positiven Ansatz bevorzugt. Der Zweck heiligt die Mittel. Wer Hoffnung geben will, treibt Menschen manchmal zur Verzweiflung.

Wie Musks Biograf Ashlee Vance es umschreibt: »Musks anspruchsvoller Führungsstil kann nur wegen der – im Wortsinn – überirdischen Ambitionen des Unternehmens funktionieren.«

Musk-Mini-Masterclass

Hoffnung beginnt mit der Wertschätzung der eigenen Ideen

Sie wissen nun, wo Musk seine Hoffnung herholt und wie er sie verbreitet. Es ist Zeit, dies einmal selbst anzuwenden:

- Welche Idee ist Ihnen unglaublich wichtig, obwohl kaum jemand in Ihrem Umfeld Ihre Begeisterung dafür teilt? Wieso ist Ihnen diese Idee so wichtig und warum begeistern Sie sich dafür? Welche Probleme könnten Sie damit lösen?
- Versuchen Sie, Ihre Idee nicht nur inspirierend zu formulieren, sondern auch mit Fakten zu untermauern.
- Hinterfragen Sie immer wieder, ob Sie noch hundertprozentig hinter Ihrer Idee stehen. Haben Sie genügend Selbstvertrauen, um die Idee demnächst unter die Leute zu bringen? Meinen Sie wirklich, Sie könnten den Unterschied ausmachen?

Noch ein Tipp: So eine Idee muss nicht gleich die Menschheit retten. Das können Sie getrost Musk überlassen.

2. Prinzip: Beobachten Sie sehr aufmerksam

»Setzen Sie Ihre Idee um, doch fragen Sie sich immer wieder, ob alles stimmig ist, und wenn nicht, passen Sie sich schnell den realen Gegebenheiten an.«

Elon Musk

Außer ein erstklassiger Hoffnungsgeber mit wilden Ideen ist Musk auch ein wahnsinnig guter Beobachter. Dies ist eine zweite ausschlaggebende Eigenschaft des Wavemaker. Wahnsinnig gute Beobachter sind aufgeweckt und neugierig. Sie akzeptieren nichts als selbstverständlich, sind für neue Sichtweisen offen und stellen tausendundeine Frage auch über offensichtliche Besonderheiten: Warum? Warum nicht? Was wäre, wenn? Und genau deshalb erkennen sie Dinge, die anderen entgehen.

Wann ist man ein wahnsinnig guter Beobachter? Zunächst muss man die Realität auf unterschiedliche Weisen betrachten können, und zwar mit einem aufgeschlossenen, abenteuerlichen Blick. Durch ihn wird man darauf aufmerksam, was um einen herum geschieht, man ist neugierig und offen für neue Einsichten und erkennt die größeren Zusammenhänge, filtert aber auch die allerkleinsten Details heraus. Auch typisch für den wahnsinnig guten Beobachter: Indem man die Dinge aus unterschiedlichen Perspektiven beleuchtet, vermeidet man voreingenommene Standpunkte.

Wahnsinnig gute Beobachter sind nicht nur neugierig, sondern auch zu gründlichen und systematischen Analysen fähig. Sie wollen wissen, warum die Dinge so sind, wie sie sie sehen. So erkennen sie die zugrunde liegenden Zusammenhänge und Muster und schmieden aufgrund von logischen Analysen all ihre Wahrnehmungen zu einer kohärenten Vision. Und wegen dieser Vision kann der wahnsinnig gute Beobachter sich auf die Dinge konzentrieren, die ihm wirklich bedeutsam erscheinen.

Ein Skeptiker erster Güte

Wie gründlich man die Dinge auch beleuchtet und durchdenkt, immer kann es passieren, dass das Bild der Wirklichkeit nicht vollkommen stimmt. Neben dem abenteuerlichen Blick und der tief gehenden Analyse unterscheidet sich der wahnsinnig gute Beobachter mit einer dritten Eigenschaft von anderen: Er nimmt seine Beobachtungen nie kritiklos hin. Denn der wahnsinnig gute Beobachter ist auch ein Superskeptiker, der äußerst kritisch mit seinen eigenen Erkenntnissen umgeht. Er nimmt deshalb seine eigenen Ideen auf alle möglichen Arten auseinander. Und nur wenn ihm das nicht mehr gelingt, ist er sich seiner Sache sicher.

Elon Musk ist in jeglicher Hinsicht ein wahnsinnig guter Beobachter. Aufgeweckt und neugierig, wie er ist, kann er andauernd die Perspektive wechseln. Er ist ein Meister der gründlichen Analyse von Situationen und Ereignissen. Er nimmt stets Kurs auf eine eigensinnige Sichtweise. Und in der Zwischenzeit sucht er unablässig nach kritischen Fakten, um seine eigenen Ansichten und die anderer zu widerlegen.

Das Gehirn des wahnsinnig guten Beobachters

Um zu verstehen, wie das vor sich geht, sollte man sich kurz mit der Funktion des Gehirns beschäftigen, insbesondere mit Musks Gehirn. Ein Gehirn besteht aus wenigstens zwei Teilen: ein erstes, das blitzschnell arbeitet (Kleinhirn) und uns immerzu mit Informationen und Standpunkten über das eben Wahrgenommene versorgt, damit man aufgrund minimaler Beweise schnelle Entscheidungen treffen kann. Stellen Sie sich vor, Sie sind im Dschungel und hören ein Rascheln im Gebüsch. Ihr Gehirnsystem warnt Sie dann blitzartig vor einer drohenden Gefahr, einer Giftschlange oder einem Raubtier. Im Bruchteil einer Sekunde flitzen Sie los. Dieses System wird deshalb auch »Flash-Gehirn« genannt. Praktisch, wenn Gefahr droht oder wenn man in der heutigen hektischen Zeit rasend schnell Entscheidungen treffen muss.

Der Nachteil: Die schnellen Vermutungen des Flash-Gehirns sind leider ziemlich ungenau. Machen Sie einmal diesen simplen Test des amerikanisch-israelischen Psychologen Daniel Kahneman. Ein Schläger und ein Ball kosten zusammen einen Euro und zehn Cent. Der Schläger ist einen Euro teurer als der Ball. Wie teuer ist der Ball? Die Mehrheit der Menschen ruft spontan: zehn Cent. Eine überhastete und einfache Antwort des Flash-Gehirns, ohne weiter darüber nachzugrübeln. Denkt man aber etwas darüber nach, bemerkt man, dass diese Antwort nicht stimmen kann. Ein Schläger, der einen Euro teurer als der Ball ist, der zehn Cent kostet, ergibt einen Betrag von einem Euro und zwanzig Cent. Die richtige Antwort ist nicht zehn Cent, sondern fünf Cent. Hierauf kommt man, wenn man die erste, intuitive Antwort in Zweifel und den zweiten Teil des Gehirns zurate zieht: der langsame und logisch denkende Teil (das Großhirn).

Musk nutzt sein zweites, trägeres und rational denkendes Gehirnsystem ausgiebig. Das erste schnelle Gehirnsystem richtet sich nicht nur auf das Ausschalten von Gefahren, sondern verführt den Menschen auch dazu, so zu denken, wie man es immer schon getan hat. So führte im neunzehnten

Jahrhundert die Suche nach Transportverbesserungen zur Züchtung von stärkeren Pferden. Der Gedanke an ein völlig neues Transportmittel kam im schnellen Denksystem gar nicht erst auf. Dafür brauchte es eine völlig andere, rationalere Art zu denken, die nicht mehr von der vertrauten Welt des Pferdewagens ausging, sondern eine viel fundamentalere Frage aufwarf: Was sind die Grundvoraussetzungen der Vorwärtsbewegung? Nur wer diese Frage stellt, kann auf die Idee einer Dampfmaschine oder eines Verbrennungsmotors kommen. Auch Pferdestärken, aber vollkommen andere. Genau diese Art von Fragen stellt sich Musk heute.

Bilderstürmer

Kurze Zusammenfassung: Wahnsinnig gute Beobachter wagen es, die existierende Wirklichkeit in Zweifel zu ziehen, sie bemerken Dinge, die anderen entgehen, sie sind experimentierfreudig, haben den Mut, Fehler zu begehen, und können allerlei Wissens- und Informationsfetzen zu einem neuen und logischen Ganzen zusammenfügen. Der amerikanische Neurowissenschaftler Gregory Berns nennt diese Menschen Ikonoklasten: Bilderstürmer. Menschen, die konventionelle Vorstellungen und Themen attackieren. »Die beste Art, um Dinge anders zu sehen als andere, ist, das Gehirn mit Sachen zu bombardieren, auf die es nie zuvor gestoßen ist«, schreibt

Berns über Ikonoklasten. »Neue Erfahrungen befreien den Wahrnehmungsprozess von den Ketten der früheren Erfahrungen und zwingen das Gehirn, alte Informationen erneut zu bewerten.«

Elon Musk ist eindeutig solch ein Ikonoklast. Selbst bezeichnet Musk diese Art des tiefschürfenden Denkens als eine Suche nach dem First Principle: alles, was man sieht und wichtig findet, in logische Teile zergliedern, nichts als gegeben hinnehmen, möglichst viele kritische Fragen stellen und versuchen, auf logische und systematische Weise zu Wahrheiten zu gelangen, auf denen die neuen Einsichten basieren können. Versuchen Sie sich also nicht durch schnelle, aber oftmals fehlerhafte Unterstellungen des ersten Gehirnsystems leiten zu lassen. Versuchen Sie lieber, mit dem zweiten, rationalen Gehirnsystem neue Chancen und Möglichkeiten zu finden, wie die Entwicklung einer viel preisgünstigeren und stärkeren Batterie, eines Elektroautos oder einer Rakete, die zum Mars fliegt.

»Zu all seinen wilden, hoffnungsvollen Ideen fordert Musk immerzu ein negatives Feedback ein.«

Her mit dem negativen Feedback!

Für das Finden der First Principles braucht man einen systematischen Geist und eine große Konzentrationsfähigkeit. Zudem sollte man permanent offen für Kritik sein. Zu all seinen wilden, hoffnungsvollen Ideen fordert Musk immerzu ein negatives Feedback ein. Von Jasagern und Kriechern hat man nichts. Querdenker Musk bekämpft damit die gängige Sichtweise, um andere vor allem auf positive Art zu ermutigen. Komplimente sind gut für das Ego, doch schlecht für die Qualität seiner Produkte, findet er. Nur eine (selbst)kritische Haltung bringt ihn weiter. Und das versucht er, so gut es geht, zu provozieren. »Ich bitte Menschen immer sofort zu sagen, was ihnen an einer Idee nicht gefällt. Wenn ich sie bitte, ein Produkt zu testen, möchte ich immer, dass sie mir nur das sagen, was damit nicht stimmt. Sie sollen mir die schlechte Nachricht immer sofort und deutlich sagen. Ich verwende einen kleinen Teil meiner Zeit an gute Nachrichten, fokussiere mich aber auf die schlechten. Ich gebe den schlechten Nachrichten immer mehr Zeit als den guten«, sagt er. Negatives Feedback hält ihn geistig beweglich und seinen Verstand messerscharf. Falschen Hoffnungen gibt er sich nicht hin. Diese (selbst)kritische Einstellung fordert er auch von seinem Team. »Niemand ist perfekt und jeder macht Fehler. Ich verlange, dass meine Mitarbeiter sofort zu mir kommen, wenn sie an etwas arbeiten, von dem sie annehmen, dass es schiefgeht.

Wenn ich davon rechtzeitig erfahre, kann ich eingreifen. Manchmal denken Menschen, dass sie etwas, das schiefzugehen droht, doch noch hinbekommen können. Vielleicht können sie das auch, aber ich möchte darüber informiert sein. Jeder macht Fehler. Und jemand, der einen Fehler nicht meldet und ein Problem heraufbeschwört, weil er denkt, es selbst lösen zu können, dann aber doch die Kontrolle verliert, kann sich seiner Entlassung sicher sein.«

Bevor Musk irgendetwas in Angriff nimmt, will er erst einmal das Ganze verstehen, erklären und wissenschaftlich untermauern können. Er kommt schnell zum Kern, spürt mühelos unsichtbare Muster auf und sieht unerwartete Zusammenhänge. Dabei bleibt er nicht in vagen Träumen stecken, sondern konkretisiert alles im Großen und bis in die letzte Einzelheit. Dann gelangt er experimentierend zu neuen Erkenntnissen. Doch wenn sich einmal eine bestimmte Vision in seinem Kopf festgesetzt hat, kann ihn nichts und niemand mehr davon abbringen. Wie lange es auch dauern mag.

Musk-Mini-Masterclass

Bleiben Sie neugierig und kritisch

Als wahnsinnig guter Beobachter sieht Musk Möglichkeiten, die anderen entgehen. Das gelingt ihm, indem er sowohl das große Ganze als auch das kleinste Detail einbezieht, immerzu kritisch hinterfragt und die Antworten auf diese Fragen wissenschaftlich untermauert. Wie können Sie das erreichen?

- Seien Sie mindestens so neugierig wie Musk und versuchen Sie, die Sie umgebende Realität aus der Vogelperspektive zu betrachten. Was ist das große Ganze, das Sie sehen? Zoomen Sie dann mit einem Adlerauge auf die Einzelheiten. Welche Details fesseln Sie?
- Stellen Sie in der Zwischenzeit unaufhörlich kritische Fragen: Weshalb laufen die Dinge so und nicht anders? Was sind die Alternativen? Was würde geschehen, wenn …?
- Machen Sie es wie Musk und nehmen Sie eine Idee, die Ihnen wichtig ist, bis zum Kern auseinander. Gehen Sie zur Basis der bewiesenen Fakten und Hypothesen zurück. Versuchen Sie, daraus logische Schlüsse zu ziehen, bis Sie die beste Lösung gefunden haben.

Tipp zum letzten Punkt: Nehmen Sie sich ein leeres Blatt Papier zur Hand und zeichnen Sie zwei Spalten. Schreiben Sie in die linke Spalte, was Sie sicher wissen, und in die rechte, was falsch läuft. Überlegen Sie gut, wo und warum das geschieht, und probieren Sie, zur logischsten Lösung zu kommen.

3. Prinzip: Auf zum Mars

»Der erste Schritt ist herauszufinden, ob etwas möglich ist, der Rest ist eine Frage von Wahrscheinlichkeiten.«

Elon Musk

Groß denken. Das ist das dritte Prinzip der Wavemaker. Das gilt natürlich auch für Elon Musk. Groß, größer, am größten: Kleckerkram ist nichts für Musk. Er tummelt sich in Visionen und maßlosen Ambitionen. Doch immer aus einer begründeten Sichtweise. Gleichzeitig erweist sich Musk als ein Meister auf dem Gebiet der strategischen Beweglichkeit, wie ein Mann, der auf mehreren Schachbrettern Simultanschach spielt, und die Figuren bedächtig und überaus überraschend verschiebt.

In der Geschichte der Menschheit ist es noch nie so einfach gewesen, große Dinge zu verwirklichen. Die neue Technologie bringt es mit sich, dass man besser miteinander kommunizieren kann, dass Information und Wissen für jedermann zugänglich sind und dass man produktiver und gesünder denn je leben kann. Gleichzeitig aber erschweren es gerade diese Technologien, das zu verwirklichen, was man wirklich für wichtig erachtet. Und das mehr als je zuvor!

Das allgegenwärtige kommunikative Gezwitscher und der Drang nach immerfort steigender Produktivität verursachen so viel Lärm, dass man kaum noch die für einen selbst wichtigen Signale empfangen kann. Der eingehende Informationsstrom bringt mit sich, dass die Aufmerksamkeit ständig abgelenkt wird und man sich immer schwieriger auf die wichtigen Aufgaben konzentrieren kann.

Deswegen steht das Leben oft im Zeichen von trivialen Todos: Vorhaben und Aufgaben, zu deren möglichst schneller Umsetzung man sich verpflichtet fühlt. Der Druck wird noch dadurch vergrößert, dass man viele verschiedene triviale Ziele gleichzeitig realisieren möchte. Die Fokussierung auf tausendundeine Aufgabe führt dazu, dass wir uns nicht mehr besinnen. Der Druck ist so hoch, dass man nur noch schaut, was vor der eigenen Nase passiert, anstatt seinen Blick auf größere und meist auch viel weiter entfernt liegende Ziele zu richten. Der unbeabsichtigte Effekt dieses ganzen Theaters: Wir verlieren aus den Augen, was wirklich wichtig ist und was wir ernsthaft wollen. Wir machen uns kleiner, als wir sind. Und wir lassen eine Menge Potenzial ungenutzt.

Wahnsinnig wichtige Träume

Wie kann man dem entkommen? Konzentrieren Sie sich eine längere Zeit auf einen oder einige wahnsinnig wichtige Träume, die Sie um jeden Preis realisieren wollen – eine bewährte Methode, die schon John F. Kennedy angewandt hat. Die Amerikaner mussten in den 1960er-Jahren zu ihrem großen Entsetzen erkennen, dass sie ihren technologischen Vorsprung auf dem Gebiet der Raumfahrt an die Russen verloren hatten. Der Grund: Die NASA jagte damals fünfhunderteinunddreißig Projekten gleichzeitig nach. Die verschiedenen Abteilungen arbeiteten nicht mit-, sondern gegeneinander. Den meisten Mitarbeitern war völlig unklar, wofür die NASA überhaupt stand, geschweige denn, wohin sie wollte. Um das Blatt zu wenden, entschloss sich Kennedy zu einem ungewöhnlichen, aber effektiven Schritt: Er zog einen Schlussstrich unter alle Projekte und ersetzte sie durch einen Traum. Dem Traum, innerhalb der nächsten zehn Jahre einen Menschen zum Mond zu schicken und auch wieder sicher nach Hause zu holen. Bei einigen Reden deutete er an, dass dies nicht nur irgendein Traum war, sondern ein wahnsinnig wichtiger Traum, der tief in den amerikanischen Werten des Muts und der Überwindung von Grenzen verwurzelt war. Die Mondmission war ein Riesenerfolg. Die NASA fand zu alter Stärke zurück und ihr gelangen in kürzester Zeit zahlreiche, vorher unmöglich erscheinende technologische Durchbrüche. Der

Traum wirkte anscheinend ansteckend: Als der erste Astronaut seine Füße auf den Mond setzte, brach im Land und in weiten Teilen der Welt eine wahre »Moon Mania« aus.

> *»Kennedy zog einen Schlussstrich unter alle Projekte und ersetzte sie durch einen Traum.«*

Moonshots

Die Fokussierung auf die Verwirklichung wahnsinnig wichtiger Träume geriet danach wieder in den Hintergrund. Bis die amerikanischen Hightechunternehmen sie in diesem Jahrhundert wiederentdeckt haben. Besonders Google macht in den letzten Jahren mit seinen sogenannten Moonshots von sich reden: sehr ambitionierte und wichtige Projekte mit einer hohen Risikobereitschaft und nur geringen Erfolgsaussichten. Die Größe dieser Ambitionen wird meist in der Formel »10 x« ausgedrückt. Diese Projekte sollen Produkte und Dienstleistungen hervorbringen, die zehnmal besser sind als alles, was es momentan gibt. Der Gedanke dabei ist, dass es oft leichter ist, etwas zehnmal besser zu machen, als nur um zehn Prozent. Wer die Dinge um zehn Prozent verbessern möchte, geht von dem Bestehenden aus und meint, nur durch noch härtere Arbeit und mit noch mehr Geld Schritt für Schritt voranzukommen. Um Dinge zehnmal besser zu machen, sollte man sich aber nicht durch Konventionen leiten lassen, sondern durch das, was man wirklich benötigt. Zu diesem Zweck ist ein geheimnisumwittertes Forschungslabor errichtet worden: Google X. Die Gründer und Eigentümer von Google haben diesem Zentrum die Ermächtigung erteilt, groß zu denken. Mit Erfolg: Google X erfindet gerade selbstfahrende Autos, neue Krebsbekämpfungsmethoden und Wi-Fi-Ballons, die durch die Stratosphäre schweben sollen. Diese Pläne misslingen übrigens auch ab und an, wie sich in dem Fiasko mit der ersten Version von Google Glass zeigte.

Marsshots

Es geht aber noch einen Schritt größer. Musk hat es nicht auf den Mond abgesehen, sondern auf den Mars. Ein Streben, das mit Musks Lebensphilosophie tief verwurzelt ist, die besagt, dass das Leben auf der Erde so verwundbar geworden ist, dass die Menschheit irgendwann gezwungen sein wird, auf andere Planeten auszuweichen. Musk hat 2018 die erste Rakete ins All geschickt und will die ersten Menschen 2025 zum Mars bringen. Mitte dieses Jahrhunderts sollen dann Millionen Menschen auf dem roten Planeten leben. Sie sollen dort eine außerirdische Zivilisation aufbauen und gleichzeitig die »Notfall«-Bevölkerung bilden, sollte es hier auf der Erde vollkommen schiefgehen.

Wäre Elon Musk nur ein fabelhafter Träumer und Hoffnungsgeber, hätte er es dabei belassen. Doch für einen Denker und Strategen genügt so eine Sichtweise nicht, er will auch genau austüfteln, wie er sein Ziel erreichen kann. Natürlich ist er sich darüber im Klaren, dass der Aufbau eines Raketenkonzerns oder einer Autofirma aus dem Nichts eigentlich eine unmögliche Sache ist. Man muss immerhin gegen sehr mächtige und starke Opponenten antreten. Gleichzeitig sieht er genügend Chancen für Betriebe, die einen neuen Anfang in Industriezeigen wagen, die sich in den letzten fünfzig Jahren, innovativ betrachtet, kaum weiterentwickelt haben. Musk lässt alteingesessene Betriebe größtenteils links liegen und richtet sein Augenmerk auf neue, noch nicht vertraute Märkte. In der Strategieliteratur nennt man diese Vorgehensweise den »blauen Ozean«: Man begibt sich in unbekannte Gewässer. Dazu braucht es Mut und Fachwissen, aber man entgeht wenigstens der Treibjagd, sofort von der starken Konkurrenz geschluckt zu werden, die ihren Markt mit allen möglichen sauberen und unsauberen Mitteln verteidigen will.

Obwohl Musk an seinem Plan, zum Mars zu fliegen, festhält, wählt er immer wieder andere Einflugschneisen, um dorthin zu gelangen. Nicht nur nach Rom, auch zum Mars führen viele Wege.

Die Strategie der geringen Kosten: SpaceX

Was tut man also, wenn man einen Markt erobern will, der von Konzernen wie Boeing und Lockheed dominiert wird? Es sind Unternehmen, die so wenig Konkurrenz haben, dass sie arrogant geworden sind, und die ihre Spitzenprodukte zu sehr hohen Preisen anbieten. In Musks Augen bauen sie sozusagen einen Ferrari, während es ein Mittelklassewagen auch getan hätte. Und Musk erkennt hierin die Riesenchance: Er will nicht das Beste vom Besten anbieten, sondern sich auf die Produktion von relativ preiswerten und wiederverwendbaren Raketen im niedrigeren Marktsegment konzentrieren. Diese Niedrigkostenstrategie scheint ein genialer Schachzug zu sein, der mindesten drei Zielen dient. Zunächst einmal weicht Musk so einer direkten Konfrontation mit den mächtigen Konkurrenten aus, weil er sich auf einem völlig neuen Marktsegment tummelt. Außerdem beschert diese Strategie Musk direkte Einkommensströme, die er benötigt, um das Unternehmen und weitere Raumfahrtabenteuer zu finanzieren. Mit seiner Niedrigkostenstrategie kommt Musk nämlich der wachsenden Nachfrage entgegen, Raumstationen mit Vorräten zu versorgen und kleinere Satelliten zu lancieren. Er sichert sich so Gelder durch die lukrative Zusammenarbeit mit der NASA und die Gefahr einer leeren Kasse ist trotz dreier missglückter Raketenabschüsse am Beginn des Programms gebannt.

Auch weil sich SpaceX verstärkt auf die Produktion und den Abschuss von eigenen Satelliten konzentrieren will, kann das Unternehmen neue Finanzquellen erschließen.

Doch letztlich dreht sich alles um die Reise zum Mars. Die Einkünfte, die hereinströmen, setzt SpaceX dafür ein, um dieses Ziel zu erreichen. Dabei denkt Musk andauernd in Win-win-Situationen: Nicht nur seinen derzeitigen Geschäftspartnern ist mit der scharfen Kalkulation von erwartbaren neunundneunzig Prozent (!) gedient, sondern auch den Reisen zum Mars mit den preiswerten und wiederverwertbaren Raketen. Kostete ein Ticket zum Mars 2016 noch unglaubliche zehn Milliarden Dollar pro Person, strebt Musk nun fünfhunderttausend Dollar an. Zwanzigtausend Mal weniger. Außerdem schlägt Musk mehrere Fliegen mit einer Klappe. So sorgt ein weltweites Netzwerk aus Satelliten nicht nur für einen kontinuierlichen Cashflow und für Internetverbindungen in alle Ecken der Erde, sondern auch für eine Plattform für die Kommunikation im Weltall.

Manchmal erscheint es, als würde Musk nur so vor sich hin werkeln. Das gilt sogar für sein Personal. Um zu verhindern, dass zu viele Menschen mit Fragezeichen in den Augen herumlaufen, greift Musk regelmäßig zur Feder, um Deutlichkeit zu schaffen. Dabei verweist er immer wieder auf die Bedeutung des wesentlichen Ziels: dafür zu kämpfen, dass ein Leben auf dem Mars möglich ist.

Tesla: klein anfangen, bevor man andere übertrumpft

Genau wie bei seinen Weltallabenteuern hat Musk von Anfang an eine klare Vorstellung, was er mit einer Autofirma will: Es geht nicht um den Börsengang oder den Verkauf von Autos an die paar Reichen dieser Erde. Nein, das Ziel ist die Zerschlagung der gegenwärtigen Automobilindustrie. Das Auto muss sich von einem technologisch veralteten, benzinfressenden Monster zu einem geräuschlosen und schicken Fahrzeug entwickeln, mit dem man eine Schau abziehen kann.

Beim Start einer eigenen Automarke wendet Musk das inzwischen wohlbekannte Prinzip des wahnsinnig guten Beobachtens an: Er reist lange Zeit durchs Land, um mit vielen Erfindern von Elektroautos Gedanken auszutauschen. Letztendlich sticht er dann mit zwei Partnern in See, die gemeinsam eine Firma für die Entwicklung elektrischer Luxusautos gründen: Tesla Motors. Der Name ist eine Hommage an Nikola Tesla, ein berühmter und idealistischer Erfinder und Elektrotechniker.

Doch leider scheint auf dem kapitalintensiven Automarkt kein Platz für die Newcomer zu sein. Musk bemerkt jedoch schnell, genau wie bei der Entwicklung seiner Raumfahrtpläne, dass die Welt ins Wanken geraten ist und der Markt sehr wohl Interesse an Elektroautos hat. Um aus ihnen einen Erfolg zu machen, muss er nur kompromisslos vorgehen. Nicht, wie es die bekannten Automarken tun, die erst mit Innovationen herauskommen, wenn es der Gesetzgeber erwartet, sondern Innovationen liefern, weil man es wirklich will.

Während Musk der Konkurrenz der vorhandenen Raumfahrtkonzerne aus dem Weg gegangen ist, um sich auf den noch unerforschten Markt der preiswerten und wiederverwertbaren Raketen zu richten, wählt er bei Tesla eine andere Strategie: sich selbst klein machen, bevor man versucht, andere zu übertrumpfen. Musk beginnt mit der Entwicklung eines schicken Sportwagens, dem Roadster, der auf das zwar umsatzmäßig nicht so wichtige, aber doch ins Auge springende Luxussegment des Markts abzielt. Clever, denn indem er in einem recht kleinen und unbedeutenden Marktsegment beginnt, stellt sich die Konkurrenz nicht sofort auf die Hinterbeine. Zudem gelingt es ihm durch kapitalkräftige Prominente, die Aufmerksamkeit auf sich zu lenken. Zusätzlicher Vorteil: Als Neuling auf dem Markt kann er in der Anfangsphase recht ungestört an der Entwicklung seines Elektroautos arbeiten.

Strategische Offenheit

Obwohl, ungestört? Das Bemerkenswerteste an Musk ist, dass er bereits in einem früheren Stadium seine strategischen Intentionen offenlegt. In einem 2006 veröffentlichten Masterplan lässt er wissen, dass er den Sportwagen (Roadster) als ersten seiner Elektroautos auf den Markt bringen wird. Mit dem verdienten Geld will er im Anschluss eine Luxuslimousine (Model S) für eine breitere, doch noch immer ziemlich vermögende Zielgruppe lancieren. Und erst danach kommt er mit dem Elektroauto für die Massen (Model 3).

Meistens sind Strategiepapiere und Masterpläne sehr trockene Dokumente, die in aller Abgeschlossenheit entwickelt und danach ängstlich geheim gehalten werden. Elon Musk packt es, wie sich herausstellt, anders an, als er Mitte 2016 seine Pläne für die nächsten zehn Jahre veröffentlicht. Er macht ein sorgfältig inszeniertes Medienspektakel daraus. Der neue Strategiekurs wird wie ein Blockbusterfilm angekündigt, Konkurrenten und Fans sehen dem Ereignis sehnsüchtig entgegen. Die Ausstrahlung wird allerdings mehrmals verschoben, weil der Hauptdarsteller mit anderen Dingen beschäftigt ist, beispielsweise mit einem Raketenabschuss und der Eröffnung seiner gigantischen Batteriefirma (Gigafactory), und nicht die Zeit findet, der Ausstrahlung beizuwohnen. Doch plötzlich steht er auf der Webseite, der »Tesla Masterplan, Part Deux«. Die Veröffentlichung sorgt für eine wahre Medienexplosion: Sie ist das Gespräch des Tages. Tausende Blogger geben ihren Senf dazu, die Expertenmeinungen überschlagen sich. Über eine Sache sind sich allerdings alle einig: Musk hat gründliche und klare Strategiekonzepte, auch wenn es für Außenstehende manchmal scheint, als würde er einfach nur ein bisschen vor sich hin werkeln. Und nicht nur das, er ist von seiner Sache dermaßen überzeugt, dass er aller Welt seine Pläne ganz genau schildert. Von den beliebten Tesla-Autos gibt es bald noch viel mehr Modelle, ein Pick-up ist in Vorbereitung und 2017 wurde der erste Tesla Elektro-Truck präsentiert.

Tesla: vom Auto- zum E-Werk

Der neue Masterplan kündigt auch die mittlerweile umgesetzte Transformation des Unternehmens an. Es ist nun nicht länger eine Autofirma (Tesla Motors), sondern ein vollwertiger Energiekonzern (Tesla). Die Systematisierung einer Entwicklung, die schon im Gang ist, als sich herausstellt, dass die gängigen Batterien nicht Teslas hohen Ansprüchen entsprechen. Musk beschließt, das Heft in die eigene Hand zu nehmen. Ein Team von Spitzeningenieuren bastelt so lange herum, bis sie eine Batterie erfinden, die sowohl gut funktioniert als auch sicher genug im Gebrauch ist. Um die Verfügbarkeit der Batterien zu garantieren, wurde mitten in der Wüste von Nevada eine futuristische Fabrik gebaut: die Gigafactory. Weitere Großanlagen zur Batterieproduktion sollen folgen.

Von Batterien ist es nur ein kleiner Schritt zur Solarenergie. Auch so ein Thema, in das sich Musk während seines Studiums gründlich eingearbeitet hat, das er aber aus Zeitmangel nicht weiter vertiefen konnte. Bis zwei seiner Cousins, mit denen er in Südafrika aufgewachsen ist und die inzwischen auch in die USA ausgewandert sind, ihn fragen, ob er nicht eine neue Herausforderung für sie wüsste. Etwas, mit dem sie genügend Geld verdienen und trotzdem ein gutes Gefühl dabei haben könnten. Musk macht sie auf die Solarenergie aufmerksam. Gutes Image, aber kommerziell gesehen auch ein unmöglicher Markt. Nach gründlichen Marktstudien gründen die beiden 2006 SolarCity. Das ultimative Ziel: Solarstromanlagen durch ein Entsorgungssystem für den gewöhnlichen Kunden realisierbar und bezahlbar zu machen. Doch erst müssen noch Hindernisse überwunden werden: Die Kosten der Solarmodule sind zu hoch und die Montage verläuft oft alles andere als glatt. Die Männer machen mit einer Software, die anzeigt, ob Solarenergie rentabel ist, und mit einer Option, um Solarmodule zu leasen, finanzielle Entlastung möglich. Mit eigenen Teams, die die Solarpaneele montieren, wird SolarCity schnell zum größten Installateur landesweit.

2012 geht SolarCity an die Börse und ist alles in allem sieben Milliarden Dollar wert. Zwei Drittel des Werts verflüchtigen sich übrigens recht bald. Denn was jeder, besonders in den Vereinigten Staaten, bereits befürchtet hat, scheint vorläufig noch der Wahrheit zu entsprechen: Erneuerbare Energie ist vorerst ein unmöglicher Wirtschaftsmarkt. Der logische, aber nicht notwendigerweise unumstrittene Folgeschritt ist, den verlustreichen Betrieb dem Mutterkonzern einzuverleiben.

Und so geschieht es. Tesla wird langsam, aber sicher zu einem Unternehmen für erneuerbare Energie umgebaut. Das bedeutet, dass mit noch mehr Tatkraft an innovativen Ideen, wie etwa elegante Solardachziegel, die die Solarpaneele ersetzen sollen, gearbeitet wird. Und als wäre das noch nicht genug: In der Nähe von Melbourne wurde 2017 mit dem Bau einer komplett neuen Vorstadt begonnen, die auf Elon Musks Ideen basiert. Energiefreundlich und mit allen Annehmlichkeiten der digitalen Technologien ausgestattet. Der Name wurde schon früher erfunden: YarraBend. Doch im Volksmund heißt das Städtchen einfach Tesla Town.

Elon Musks Geschäftsimperium

Musk ist, was die Amerikaner »on fire« nennen: Er platzt vor Energie, will in den Weltraum vorstoßen, aber auch die Welt möglichst schnell auf den Kopf stellen. Ideen, die von vielen schon mehr oder weniger abgeschrieben wurden, wie die Produktion von Elektroautos oder von ziemlich preiswerten und hochrentablen Batterien, haucht er neues Leben ein. Und er lanciert immer neue Pläne und Ambitionen wie ein blitzschnelles Transportmittel, elektrische Flugzeuge, die vertikal aufsteigen und landen können, sowie ein weltumspannendes Netzwerk aus Satelliten, um Internetverbindungen bis in die letzten Winkel der Erde und im Weltraum zu ermöglichen.

All diese Ideen zusammengenommen haben zu einem ausgedehnten Ökosystem von Unternehmen geführt, das von Musk geleitet oder finanziert wird. Den Kern seines Imperiums bilden Tesla und SpaceX. Darum herum ist eine rege Betriebsamkeit entstanden.[2] Die Art dieser Betriebsamkeit und die Weise der Leitung kann den Umständen angepasst werden. Zu denken wäre dabei an den Hyperloop, das ultraschnelle Verkehrsmittel, das Musk irgendwann erfunden hat und über das Sie später mehr erfahren. Aus Zeitmangel legt er seine Idee anfangs in die Hände anderer – Erfinder, Wissenschaftler und Idealisten, die die Welt verbessern möchten –, doch allem Anschein nach hat er mittlerweile wohl seine Meinung geändert und wird sie nun selbst ausführen.

Bei manchen Projekten ist der Status unklar. So kann man nur mutmaßen, ob momentan ganz im Geheimen an elektrischen Flugzeugen gearbeitet wird, die vielleicht vertikal aufsteigen und landen können. Auch über den Status des angekündigten weltweiten Satellitennetzwerks, das jeden Winkel der Erde und des Weltalls mit Internetverbindungen versorgt, kann man nur Vermutungen anstellen. Aber man sollte keinesfalls Bauklötze staunen, falls Musk einfach mal wieder eine revolutionäre Idee aus dem Hut zaubert. Wie im Frühjahr 2017, als er in aller Gemütsruhe ein neues Start-up-Unternehmen ankündigt: The Boring Company. Das ist kein Scherz, es handelt sich wirklich um einen Betrieb, der dazu in der Lage ist, blitzschnell Tunnel zu bohren. Hiermit soll nicht nur dem ultraschnellen Verkehrsmittel (Hyperloop), mit dem Musk schon seit Jahren hausieren geht, ein Boost verpasst, sondern zum Beispiel auch das großstädtische Stauproblem gelöst werden. Bei der ersten Präsentation verfolgt man einen Science-Fiction-Clip,[3] in dem gezeigt wird, wie Autos mittels einer Art Fahrstuhl von der Straße in den Tunnel gelotst werden, um dort in den Verkehrsstrom eingegliedert zu werden. Wie Musk auf die Idee gekommen ist? Durch logisches Denken. «Heutzutage graben die Maschinen die Hälfte der Zeit und die andere Hälfte verwendet man auf die Verstärkung der Tunnelwände«, sagte er in einem Ton, als wäre er schon jahrelang in diesem Business tätig. «Ich möchte eine Maschine entwickeln, die beides gleichzeitig kann.« Um gleich darauf hinzuzufügen, dass er bereits damit begonnen hat, einen Tunnel unter Los Angeles zu graben. Einer der Zugänge befindet sich zufälligerweise in der Nähe seines SpaceX-Büros. Typisch Elon Musk …

Musk-Mini-Masterclass

Trauen Sie sich, den größten Ambitionen nachzujagen

Grenzen zu verlegen und Leistungssprünge zu realisieren, fängt mit der Formulierung von prickelnden, inspirierenden und herausfordernden Ambitionen an. Das zeigt uns Musk. Außerdem ist es mindestens ebenso wichtig, bei der Verwirklichung der Ambitionen flexibel zu sein. Nur: Wie geht das?

- Machen Sie sich klar: Was ist Ihre ultimative Ambition? Welche Probleme möchten Sie am dringendsten lösen? Bringt die Lösung, die Sie sich vorstellen, die Menschheit zehnmal (oder mehr!) weiter? Bekommen Sie davon selbst viel Energie und sind Sie bereit, Ihrer Ambition kompromisslos hinterherzujagen?
- Bestimmen Sie Ihre strategische Einflugschneise: Wie möchten Sie vorgehen? Haben Sie gut darüber nachgedacht, welche Strategie Sie anwenden wollen? Sind Sie sicher, dass dies der beste Weg zum Erfolg ist?
- Angenommen, Ihre Anfangsstrategie stellt sich als nicht durchführbar heraus. Was tun Sie nun? Ziehen Sie den Kopf ein und geben auf? Halten Sie daran fest? Oder zeigen Sie strategische Flexibilität und wählen eine andere strategische Einflugschneise?

4. Prinzip: Spielen und gewinnen

»Aufgeben ist nie die Lösung. Nie.«
Elon Musk

Wie gelingt es Musk, alle Bälle oben zu halten? Vielleicht, weil er seine Arbeit als ein Spiel ansieht. Musk ist genauso superfanatisch und extrem motiviert wie ein Gamer. Er ist täglich im Flow und gibt alles, um seine Ziele zu erreichen. »Verlieren«, dieses Wort kommt in seinem Wortschatz nicht vor. Auch das ist eine Eigenschaft eines echten Wavemaker: niemals aufgeben. Spielen und gewinnen!

Es war an einem Samstag, als Ashlee Vance Musk, an dessen Biografie er gerade arbeitet, im Tesla-Hauptquartier in Palo Alto trifft. Kein Werktag – und doch ist der Parkplatz voller Autos. Im Gebäude herrscht rege Betriebsamkeit. Ashlee Vance bemerkt Elon Musk gegenüber, wie sehr ihn diese außerordentliche Arbeitsmoral beeindruckt. Musk sieht das anders und stimmt ein Klagelied darüber an, dass in letzter Zeit immer weniger Menschen am Wochenende arbeiten: »Wir werden langsam richtige Weicheier.«

Einer der ersten Angestellten bei SpaceX – Nummer dreiundzwanzig, wie bei seinem Arbeitseintritt dokumentiert – hat zuvor bei einem Konkurrenzunternehmen gearbeitet. Dort wird vor allem geredet und diskutiert und wenig passiert. Bei SpaceX ist das völlig anders.

> *»Ich war erschöpft und mental in schlechter Verfassung. Aber bald liebte ich es und war vollkommen begeistert.«*

Einen Tag nach seinem Vorstellungsgespräch beginnt er seine Arbeit bei SpaceX und bekommt zu hören, dass er sich um seine Büroausstattung selbst kümmern müsste. Danach ist er fast an seinen Schreibtisch gekettet und er steckt bis über beide Ohren in Arbeit. Arbeitstage von zwölf Stunden sind die Regel, danach schläft er zehn Stunden, um sofort wieder zur Fabrik aufzubrechen. »Ich war erschöpft und mental in schlechter Verfassung. Aber bald liebte ich es und war vollkommen begeistert«, erzählt er dem Musk-Biografen Ashlee Vance.

Schlafsack in der Fabrikhalle

Das Geheimnis seiner sensationellen Erfolge klingt eigentlich ziemlich altmodisch: knallharte Arbeit. Musk setzt sich ein Ziel, an das er wirklich glaubt, und schuftet danach Tag und Nacht, bis er es erreicht. Er lässt sich nicht von trivialen Dingen ablenken, sondern spornt sich und andere an, noch einen Zahn zuzulegen und sich selbst zu übertreffen.

Wer mit oder für Musk arbeitet, landet in einer Art Trainingslager, wo einem das Äußerste abverlangt wird und es keinen Augenblick Ruhe gibt. Zwölfstundentage und eine Sechstagewoche sind die Norm. Und eine ganze Menge Mitarbeiter arbeiten noch länger. Für Musk zu arbeiten, bedeutet, auf eine unmögliche Mission geschickt zu werden, die man nach eigenen Erkenntnissen vollführen muss. Und in der Zwischenzeit wird man mit neuen Anforderungen bombardiert oder mit vorgezogenen Abgabeterminen konfrontiert. Bei all dem spürt man immer Musks Augen auf sich ruhen. Elon Musk hat nicht umsonst seinen Schreibtisch mitten in die Fabrikhalle gestellt. So ist er leicht ansprechbar, kann aber auch im Auge behalten, was um ihn herum geschieht. Wenn möglich: Tag und Nacht. Wirklich.

Musk erklärt im Mai 2016, dass die Firma Tesla ihre Ambitionen korrigiert hat und 2018 eine halbe Million Autos pro Jahr produzieren will. Ursprünglich war dieses Ziel erst für 2020 geplant gewesen. Schon dieses Datum zweifelten Kritiker als unrealistisch an, denn die Rekordzahl lag 2015 »nur« bei fünfzigtausend Stück. Tatsächlich wurden 2018 nur gut zweihundertfünfundvierzigtausend Fahrzeuge ausgeliefert. Ebenfalls im Mai 2016 hat Musk die Zielsetzung für das Jahr 2020 auf eine Million Autos verdoppelt. Zwei seiner verantwortlichen Spitzenmanager treten daraufhin zurück. Schon ein paar Tage später ist Musks Team fast wieder komplett: Er hat einem deutschen Konkurrenten den Produktionsleiter abgeworben. Diese Deadlines sind für ihn übrigens kein Ziel, sondern ein Mittel, die Welt möglichst schnell mit seinen Erfindungen zu verbessern: »Natürlich werden wir das mit der halben Million Autos 2018 nicht hinbekommen und eine Million Autos 2020 wird eine tüchtige Herausforderung. Aber wir geben unsere Bestes und mein Schlafsack liegt schon in der Fabrikhalle bereit.«

An Abhängigkeit grenzende Hingabe

Und wenn man bei dem Tempo nicht Schritt halten kann? Tja, dann kann man einen sehr langen Urlaub antreten. Wiederkommen braucht man nicht. Bei Musk arbeitet man ausschließlich mit einer an Abhängigkeit grenzenden Hingabe. Und das in einer Zeit, in der Arbeit überall sonst unter dem Zeichen des »Spaßfaktors« steht. »Träum weiter«, würde Musk dazu sagen. Denn nur wer hart und intensiv arbeitet, kommt weiter und erreicht mehr. Das war früher so und ist heute nicht anders.

Sein eigenes Engagement ist grenzenlos. Während einer typischen Arbeitswoche verbringt er anderthalb Tage in der SpaceX-Fabrik in Los Angeles, danach fliegt er mit seinem Privatjet zu einem seiner Büros in den Tesla-Fabriken und kehrt gegen Ende der Woche wieder zu SpaceX zurück. Zwischendurch widmet er sich auch noch seinen anderen Vorhaben, dem Erfinden und Ankündigen neuer technologischer und geschäftlicher Initiativen, der Kontaktpflege mit Führungspersönlichkeiten und Politikern, den Verhandlungen über neue Produktionsanlagen. Er wohnt Raketenabschüssen bei und hält Präsentationen. Außerdem hat er fünf Söhne, denen er vor allem am Wochenende seine Aufmerksamkeit schenkt.

Ein Energiebündel

Freund und Feind sind sich darüber einig, dass Musk vor lauter Energie übersprudelt. Laut seiner Exfrau Justine gleicht sein Körper dem eines Panzers. »Sein Durchhaltevermögen und seine Belastbarkeit, auch unter Stress, sind ungeheuer.« Er ist daran gewöhnt, an einem Stück durchzuarbeiten und sich, wenn nötig, völlig von der Außenwelt abzuschließen. Musk zeigt eine enorme Willenskraft: die Gabe, sich ganz auf eine oder mehrere Aufgaben zu konzentrieren, ohne andere Dinge aus den Augen zu verlieren, etwa eintreffende E-Mails, WhatsApps, Sitzungen und Konferenzen.

Woher nimmt Musk bloß all diese Energie? Zum Teil wird es sich um einen angeborenen Überschuss an Energie handeln, doch er speist seine Energie noch aus unterschiedlichen Quellen. Zum Beispiel daraus, sich auf Ziele und Aktionen zu fokussieren, an die er wirklich glaubt. Seine Besessenheit entspringt nicht dem Bedürfnis, reich oder berühmt zu werden. Musk folgt einer Berufung. Er tut es, weil er es will und weil er daran glaubt.

Eine zweite Energiequelle entspringt seiner Neugierde und Wissbegier. Jeder neue Gedanke und jedes neue Projekt geben ihm mehr Energie, als sie ihn kosten. Die dritte Energiequelle ergibt sich aus seinen Leistungen. Es ist eigentlich recht simpel: Leistungen fördern Energie. Sportler wissen das. Viele Manager haben das leider vergessen. Sie leisten durchweg nur das, was erwartet wird, und damit erreicht man im Allgemeinen mittelmäßige Resultate. Und von Mittelmaß bekommt man nun einmal kaum Energie. Also ist es nicht überraschend, dass Musk sich gerade dem Kampf gegen das Mittelmaß stellt.

Alexander der Große

Musks Ambitionen sind unersättlich. Die Arbeit ist nie erledigt und könnte immer raffinierter, schneller und besser ausgeführt werden. Nicht umsonst ist ihm Alexander der Große ein Vorbild. Auch er war ein strategischer Erneuerer, eine Raupe Nimmersatt und Gründer eines Imperiums. Alexander der Große hatte nur ein Ziel vor Augen: den Unendlichen Ozean zu erreichen, wo laut der alten Griechen die bewohnte Welt endet. Dafür drangen seine Armeen bis tief in den indischen Subkontinent vor. Bei jedem Fluss, jeder Gebirgskette, die ihnen den Weg versperrte, ermutigte er seine Männer, noch ein wenig durchzuhalten. Immerhin seien sie fast am Ziel.

Musk ist zwar kein Welteroberer im üblichen Sinn, doch seine Getriebenheit und Beharrlichkeit stehen denen Alexanders des Großen in nichts nach. Er ist bereit, alles aufs Spiel zu setzen. Er spornt seine Arbeitnehmer unaufhörlich dazu an, bessere Leistungen abzuliefern, und treibt sie regelmäßig zur Verzweiflung. Und eventuelle Schwierigkeiten wie Gesetze oder praktische Hindernisse? Die räumt er ohne Pardon aus dem Weg. Musks Augenmerk richtet sich ausschließlich darauf, wie er seine Träume verwirklichen kann. Ein Beispiel: Für eine schnelle Glasfaserverbindung zwischen seinen Büros benötigt er ein Wegerecht auf dem Grundstück der Nachbarn. Als diese sich weigern, dieses zu erteilen, überlegt er gemeinsam mit einem Manager eine List. Die Glasfaserkabel werden in den – für die USA typischen – überirdisch verlaufenden Strom- und Telefonkabeln versteckt. »Wir erledigten das an einem einzigen Wochenende, anstatt monatelang auf irgendwelche Genehmigungen zu warten«, erklärt der Manager.

Nanomanager

Diese rebellische Seite hat auch einen Widerpart. Musk verhält sich gegenüber seinen durchweg sehr treuen Mitarbeitern auch manchmal wie ein kontrollbesessener und einschüchternder Mikromanager. Selbst nennt er sich übrigens stolz einen »Nanomanager«. Bei jeder Einzelheit will er einbezogen werden. Die kleinsten grammatikalischen Fehler in einer E-Mail werden sofort bestraft und bei der geringsten Unvollkommenheit an seinen Produkten lässt er die Maschinen stoppen. Alles muss perfekt sein. Und perfekt ist es erst, wenn Musk es sagt. Mit stümperhaften Entschuldigungen oder Erklärungen, dass man doch alles wie immer gemacht habe, braucht man ihm nicht zu kommen. Dann bekommt man eine Schimpftirade um die Ohren gehauen und gerät in größte Schwierigkeiten.

Der Kick des Spiels

Neben der Tatsache, dass sie sich für Musks Mission begeistern, gibt es noch einen anderen Grund, weshalb seine Mitarbeiter diese wahnsinnigen Arbeitstage auf sich nehmen: Sie machen ihre Arbeit zu einem Spiel und geraten dabei – wie bei einem Computerspiel – in einen Flow. Computerspiele durchziehen Elon Musks Leben und Tätigkeiten sowieso wie ein roter Faden. Als Zwölfjähriger bringt er sein erstes Game auf den Markt. Auch als Spieler verhält er sich total fanatisch. Zu Hause sitzen und gamen ist seine Lieblingsart der Entspannung. Als eine amerikanische Journalistin Musk vor ein paar Jahren zu Hause für eine Interviewserie besucht, trifft sie ihn im Keller an, konzentriert auf ein Computerspiel. Der Raum ist vollkommen dafür eingerichtet: ein Sofa, ein Riesenbildschirm und ein Tisch, auf dem die Spielkonsole steht. Ansonsten ist der gigantische Keller leer.

Diese minimalistische Einrichtung gilt übrigens für das gesamte Haus. Obwohl er fünf Kinder hat, liegt nirgends Spielzeug herum. Nichts verrät die Anwesenheit von Haustieren, und doch hat er zwei Hunde. Auch keine Hinweise auf seine Frau sind zu finden, obwohl Musk in der Zeit noch offiziell verheiratet ist. Persönliche Dinge wie Fotos oder Souvenirs fehlen ebenfalls. Musk mag diese kühle, cleane Ausstattung auch in seinen Büros. Die Fußböden in den Fabriken und Büros von Tesla und SpaceX sind mit einer glänzenden Schicht

Epoxidharz (Kunstharz) überzogen und die Wände reinweiß gestrichen. Ja, in der Tat: wie ein riesiger Gamingraum.

Hindernisse überwinden

Gamen ist also nicht nur eine Metapher, sondern auch ein leuchtendes Vorbild für Musks Arbeitsweise. Computerspiele zeichnen sich durch ein eindeutiges Ziel aus. Um dieses Ziel zu erreichen, muss man zahlreiche Probleme lösen und diverse Hindernisse überwinden. Und andauernd ändern sich die Umstände. Das bedeutet, man muss ständig Entscheidungen treffen und Aktivitäten entfalten. Die Spielstände werden genau festgehalten. Man weiß also immer exakt, ob man vorankommt oder Rückschläge einzustecken hat. Noch zwei entscheidende Eigenschaften eines Computerspiels: Man macht es freiwillig und spielt, um zu gewinnen. Es geht darum, andere, aber auch den eigenen Schweinehund zu besiegen. Herausforderung und Wettbewerb machen ein Game spannend und führen dazu, dass man Stunden, Tage und Monate dranbleibt.

Gamen tut Musk nicht nur zu Hause. Auf der Durchreise von der einen zur anderen Stadt übernachtet er regelmäßig bei Freunden, die ihn oft bis tief in die Nacht zetern und fluchen hören, weil er virtuelle Gegner bekämpft, natürlich um noble Ziele zu erreichen. In der Arbeit, wenn abends Zeit für eine

Pause ist, wird kollektiv gespielt, Computerspiele, bei denen es darum geht, den Gegner niederzumetzeln. Musk ist ein äußerst fanatischer Spieler und regelmäßiger Gewinner, der alle Tricks kennt, um seine Feinde hereinzulegen. Denn Musk spielt immer nur, um zu gewinnen. Im wahrsten Sinne des Wortes.

Musk-Mini-Masterclass

Gehen Sie Risiken ein und versuchen Sie zu gewinnen

Musk spielt, um zu gewinnen. Dafür nimmt er nicht nur lange Arbeitstage auf sich, er ist auch dazu fähig, sich eingehend auf seine Aufgaben zu konzentrieren. Wie können Sie dies selbst anpacken?

- Wie groß ist Ihre eigene Motivation (man kann es auch Drive oder Leidenschaft nennen), um auf den Gebieten zu gewinnen, die Ihnen wichtig sind? Was möchten Sie wirklich erreichen? Inwieweit wollen Sie über sich selbst hinauswachsen, um Dinge zu leisten, die Sie niemals zuvor geleistet haben?
- Können Sie Ihre ganze Aufmerksamkeit einer Sache widmen, auch wenn Sie unter Druck stehen? Verfügen Sie über genügend Willenskraft, um Ihr Ziel, koste es, was es wolle, zu erreichen? Oder geben Sie schnell auf? Wie kommt das und wie können Sie das ändern?

Ein Tipp: Lassen Sie sich nicht von dem Märchen in die Irre führen, dass Sie, genau wie Musk, ein Meister im Multitasking sein müssen. Denn das ist er nicht. Was er aber wohl ist: Jemand, der eine bestimmte Aufgabe im Kopf abschließt und sich dann sofort einer anderen Aufgabe widmet. Das ist etwas völlig anderes: Das ist serielles Singletasking.

5. Prinzip: Bringen Sie Menschen in Bewegung

»Nur wenn man morgens mit dem Gedanken aufwacht, die Zukunft ist schön, wird es auch ein schöner Tag. Sonst nicht.«

Elon Musk

Musk ist zweifellos ein Meister darin, Menschen zu inspirieren. Er ist klug, denkt gegen den Strom und wissenschaftlich. Außerdem jagt er den größten Ambitionen nach und behält dabei gern alle Fäden in der Hand. Und er steht mit Leib und Seele hinter dem, was er tut. Aber ein Meister auf emotionalem und sozialem Gebiet? Eher nicht. Dennoch kann er, wie kein anderer, Menschen an sich binden. Das macht er ganz bewusst: Er weiß, dass man Wellen nicht allein, sondern immer nur mit anderen gemeinsam auslöst. Das ist das fünfte Prinzip der Wavemaker.

Das Bild, das wir in den vorigen Kapiteln von Musk erstellt haben, ist das eines genialen Wunderkinds und heroischen Anführers. Damit bewegen wir uns innerhalb des Rahmens einer langen und beeindruckenden Tradition von Publikationen über »bedeutende Männer«. Zu dieser Tradition gehört es, individuelle Qualitäten und Leistungen eines Einzelnen zu beweihräuchern. Das schafft im Allgemeinen ein ziemlich einseitiges und unvollständiges Bild. Obendrein kann man die Leistungen nie hundertprozentig einem einzelnen Individuum zuschreiben. Leistungen sind immer auch von dem Beitrag und der Unterstützung anderer abhängig. Sogar Alexander der Große, eines von Elon Musks Vorbildern, war letztendlich von seinen Truppen abhängig, die in unterstützten und für ihn kämpften. Als seine Soldaten, von sämtlichen Entbehrungen müde und erschöpft, sich weigerten, noch weiter zum Unendlichen Ozean zu marschieren, blieb selbst diesem Welteroberer nichts anderes übrig, als den Rückzug anzutreten.

Positive Emotionen? Aber gern!

Musk wird allgemein als ein superschlauer Nerd angesehen, der sich vor allem von seiner rationalen Kopfarbeit und weitaus weniger von seinen emotionalen und sozialen Gehirnteilen leiten lässt. Aus dem, was Verwandte, Exfrauen und (Ex-)

Mitarbeiter über ihn erzählen, kann man tatsächlich schließen, dass er nicht gut darin ist, mit Gefühlen umzugehen und sie in Worte zu fassen. Negativen Ereignissen wie dem plötzlichen Kindstod seines ersten Kinds geht er – genau wie negativen Emotionen – am liebsten aus dem Weg: »Ich sehe nicht ein, weshalb ich über derart traurige Umstände reden sollte. Das hilft doch nicht. Ich weiß einfach nicht, was man in solchen Situationen machen muss.« Positive Gefühle zu äußern, fällt ihm leichter. Doch auch dies tut er am liebsten umgeben von Menschen, mit denen er eng zusammenarbeitet und die er in- und auswendig kennt. Bei öffentlichen Events nimmt er oft eine distanzierte und zögerliche Haltung ein. Er weiß sich offensichtlich keinen Rat, was es mit all den Lobpreisungen auf sich haben könnte. Auch weil ihm nicht ganz klar zu sein scheint, was er einem so großen und erwartungsvollen Publikum erzählen soll, kommen seine Worte manchmal nur murmelnd und stotternd aus dem Mund. Hinzu kommt, dass er für seine harte Haltung bei der Auflösung von geschäftlichen und privaten Beziehungen (»Man sollte besser keinen Krieg gegen ihn führen«) ebenso berüchtigt ist wie für seine Launenhaftigkeit und seine regelmäßigen Wutausbrüche. So stellt man sich einen emotional stabilen und sozial kompetenten Anführer ganz bestimmt nicht vor.

Danke im Namen der Menschheit

Betrachtet man Musks Persönlichkeitsprofil, kann es kaum überraschen, dass er nicht allzu empathisch und sozial erscheint. So ist er nun einmal. Empathie ist für Musk ein abstrakter Begriff. Er projiziert ihn lieber auf die Menschheit als Ganzes als auf ein Individuum. Dadurch kann er seine eigenen Gefühle oder die der anderen völlig links liegen lassen und dennoch äußerst emotional werden, wenn es um so etwas Abstraktes geht wie die Menschheit. Seine Fans wissen und schätzen das. Als Musk einmal mit seinem Bruder in einem Fast-Food-Restaurant sitzt, bekommen sie von einem Unbekannten einen Drink ausgegeben, mit einem Brief, in dem der Mann ihnen für »eine Zukunft, die uns dazu inspiriert, Teil davon zu sein« dankt. Absender: die Menschheit.

Dank seines hochintelligenten Gehirns und seiner bleibenden Wissbegierde gelingt es Musk, die Defizite auf emotionalem und sozialem Gebiet zu kompensieren. Was er nicht spontan fühlt, hat er sich bewusst angeeignet. Emotional und sozial lässt er sich somit durchaus als »clever« bezeichnen. Das merkt man an der Art, wie er soziale Kontakte pflegt. Von Natur aus richtet sich sein soziales Gefühl besonders auf Dinge, die ihn intellektuell interessieren oder die er unbedingt realisieren möchte. Als wahres Superhirn geht Musk beim Knüpfen von neuen Kontakten äußerst selektiv vor. Dennoch bewegt er sich in unterschiedlichen sozialen Milieus recht leichtfüßig. So verkehrt er regelmäßig in Regierungskreisen, um seine unternehmerischen Pläne zu promoten, und er berichtet in den sozialen Medien über seine neuen Produkte. Wenn es seinen Geschäftszielen entgegenkommt, teilt er seine innovativen Ideen als »open source«, also für jedermann zur Nutzung zugänglich. Und er kann die Ausarbeitung bedeutender Ideen, wie das superschnelle Transportmittel, auch anderen überlassen, wenn ihm selbst die Zeit fehlt. Denn auch das hilft schließlich, seine Ziele zu erreichen.

Die große Anziehungskraft eines Superbosses

Letztgenannter Punkt macht Musk für viele zu einem reizvollen Anführer. In einer amerikanischen Studie unter Studenten, die gerade ihre Abschlussarbeit schreiben, nennen fast ein Drittel (zweiunddreißig Prozent) Musk als den idealen Mentor. Der einzige, der ihm halbwegs nahekommt, ist Bill Gates (knapp vierundzwanzig Prozent). Andere bekannte Unternehmensführer wie Tim Cook von Apple, Larry Page von Google und Jeff Bezos von Amazon kommen auf nicht einmal fünf Prozent. Der wichtigste Grund für Musks Popularität als Anführer: sein Auge für willige Talente, denen er Raum gibt, selbst Dinge zu entwickeln und nach eigenem Gutdünken auszuführen. Dass er ohne Umschweife sagt, was er über bestimmte Dinge denkt, gilt als ein weiterer Vorteil. Diese Ehrlichkeit wird von Jüngeren geschätzt.

Alles zusammengenommen kann man den Schluss ziehen, dass Musk ein »Superboss« ist: ein Unternehmensführer, der nicht nur ein Auge dafür hat, Talente zu entdecken, sondern auch eine magische Anziehungskraft auf Menschen ausübt, die exzellente Leistungen abliefern. Wie unangenehm ihr Verhalten manchmal auch ist, Superbosse verfügen über »Klebekraft«. Aus einer Langzeitstudie des amerikanischen Professors Sydney Finkelstein geht hervor, dass Superbosse in der Regel autonom sind, viel Selbstvertrauen haben, sich hundertprozentig ihrer Vision widmen und sowohl konkurrierend als auch fürsorglich sind.

Auch Musk ist ständig auf der Suche nach neuen Talenten, nach Menschen, die »das gewisse Etwas haben«. Und dieses »Etwas« ist: der Drive und die Qualitäten, die seine Mission in Erfüllung gehen lassen können. Dafür besucht er nicht nur regelmäßig Universitäten, er spürt auch unbekannte Talente wie Tom Mueller auf. Mueller beschäftigt sich seit Kindheitstagen mit dem Bau kleiner Raketen. Nach seinem Studium arbeitet er für große Raumfahrtkonzerne, wo er nach Herzenslust mit neuen Raketenantriebswerken experimentiert. In seiner Freizeit umgibt er sich mit Seelenverwandten, von denen manche ihre Stelle aufgegeben haben, um ihre Raketen in eigenen Werkstätten zu bauen. Musk besucht Mueller an einem Sonntag im Jahr 2002 und bombardiert ihn mit Hunderten Fragen. Nach einem stundenlangen Gespräch stellt Musk Mueller für das Gründungsteam von SpaceX ein. Mittlerweile ist er Vizepräsident.

Herausfordern und freie Hand lassen

Nun kann man selbst von einem Superboss nicht erwarten, dass er alle sechstausend Mitarbeiter von SpaceX und die rund fünfundvierzigtausend von Tesla persönlich rekrutiert hat. Dafür gibt es mittlerweile eine Standardprozedur, wie man sie auch bei anderen Hightechunternehmen findet. Als potenzieller Kandidat wird man einer ganzen Reihe Interviews und Tests unterzogen. Manchmal entspannt, manchmal aber auch sehr eindringlich. Hat man diese Prozedur erfolgreich durchlaufen, wartet noch eine einzige Aufgabe: einen Essay für Musk zu schreiben, in dem man erklärt, weshalb man für das Unternehmen arbeiten möchte. In den Anfangsjahren gab es danach noch ein persönliches Treffen mit dem großen Chef selbst. Dies ist inzwischen nur noch den Mitarbeitern in den höheren Positionen vorbehalten.

Wurde man eingestellt, kümmert man sich erst einmal um seine Büroausstattung und stürzt sich so schnell wie möglich in die Arbeit. Selbstverständlich mit einer unmöglichen Aufgabe. Denn das ist die Norm innerhalb des Musk-Konzerns.

Natürlich tun Superbosse wie Musk weitaus mehr, als nur Talente anzuwerben und auszuwählen. Sie schaffen eine offene Kultur und geben Menschen den Raum, selbst aktiv zu werden. Sie fordern sie dazu heraus, ihr Bestes zu geben. Selbst stehen sie an der Spitze und geben das gute Vorbild ab. Und sie wissen, wann es Zeit ist, sich wieder zu trennen. Denn Superbosse rechnen immer damit, dass Talente irgendwann zu voller Größe herangewachsen sind und ihre Flügel ausbreiten wollen. Wenn es so weit ist, stehen bereits neue Talente Schlange.

Militärischer Führungsstil

In Artikeln und Büchern über die neue Führungspersönlichkeit liest man häufig, dass die große Zeit der Chefs vorbei sei. Wenn man überhaupt noch Chefs brauche, dann seien es die sanftmütigen, fürsorglichen, die sich vor allem auf Inspiration, Ermöglichen, Einfühlen, Coachen und Kommunizieren verlegen. Ein Superboss wie Musk wird diesem Bild nicht im Entferntesten gerecht. Er ist eher eine Mischung aus dem, was Finkelstein mit »Ikonoklasten/Bilderstürmer« umschreibt – eigensinnige und visionäre Führungspersönlichkeiten, die überall ihr Ding durchziehen – und »glorious bastards«, Chefs, die, koste es, was es wolle, gewinnen wollen. Wohlwollen und ein einnehmendes Wesen muss man bei Musk schon suchen.

Denn er ähnelt eher einem verdammten Drill Instructor, also einem gnadenlosen Ausbilder beim Militär.

Arbeitet man für SpaceX oder Tesla, sollte man keinen Dank für die erbrachten Leistungen erwarten. Eher wird man noch gefragt, warum man nicht früher fertig geworden ist. Auch sollte man sich darauf einstellen, dass die Arbeit völlig umsonst gewesen war, weil eine neue Entscheidung vorliegt. Jammerschade, aber nicht zu ändern. Vor dem ersten Treffen mit dem Superboss warnt seine Assistentin: »Es kann gut sein, dass Elon einfach E-Mails schreibt und weiterarbeitet und kaum ein Gespräch führen wird. Keine Panik. Das ist normal. Irgendwann wird er sich umdrehen und dich ansehen.« Auch ellenlange, tief gehende Coachinggespräche sollte man sich besser aus dem Kopf schlagen. Musk wird sein Gegenüber eher einem Kreuzverhör mit scharfen und kompromittierenden Fragen unterziehen. Und die sollte man am besten sofort richtig beantworten.

Die Musk-Arbeitskultur ist eine der wenigen Worte und des schnellen Handelns. Alles muss zack, zack gehen. Musk treibt seine Mitarbeiter andauernd zu noch besseren Leistungen an. Tauchen Probleme auf, ist er sofort zur Stelle. Dann wird so lange gearbeitet, bis das Problem behoben ist, mit Musk an vorderster Front. Denn trotz allem ist Musk alles andere als ein distanzierter Chef, der hoch über den Fabrikhallen seine eigenen Pläne ausheckt. Er steht mittendrin, zwischen seinen vor allem männlichen Mitarbeitern, und ist merklich anwesend. Das liefert manchmal fast romantische Bilder von einer Gruppe Männer, die sonntags arbeiten und abends bei einer Pizza über technische Themen diskutieren. Und natürlich über den Sieg beim nächsten Gefecht …

»Als Chef ist Musk eher ein Oberbefehlshaber als ein CEO.«

Spezialeinheiten

Für Musk zu arbeiten ist eine Erfahrung fürs Leben, ähnlich wie bei einer Spezialeinheit beim Militär. Auf der Webseite von SpaceX steht sogar, dass die Arbeit für dieses Unternehmen vergleichbar ist mit jener der militärischen Elitetruppen: »Wir haben Ziele, die laut den normalen Maßstäben absurd klingen mögen. Aber wir verwirklichen sie.« Auf der Webseite von Tesla fehlt der Hinweis auf die Spezialeinheiten, dort spricht man von »der echten Leidenschaft, die besten Autos der Welt zu produzieren« und »von Arbeitsplätzen, die sich nicht für jedermann eignen«. Eines ist klar: Musk und seine Mitarbeiter stellen sich nicht nur dem täglichen Kampf ums nackte Überleben, sie führen auch einen heiligen Krieg, um ihre Mission zu erfüllen.

Als Chef ist Musk eher ein Oberbefehlshaber als ein CEO. Er hat persönlich dafür gesorgt, dass zahlreiche herausragende Ingenieure und Softwareentwickler sich zu forschen, mühelos improvisierenden und Höchstleistungen bringenden Kommandoeinheiten transformiert haben. Ein Ex-Ingenieur von Tesla vergleicht seine Arbeit dort mit der Spezialeinheit in dem Film *Apocalypse Now* unter dem Kommando des unorthodoxen Colonel Kurtz auf einer Geheimmission: »Alles stand im Zeichen, das eine Ziel zu erreichen. Wie man das schaffte, war sekundär.«

Die Parallelen zwischen Spezialeinheiten und den Teams von SpaceX und Tesla sind groß …

Tiefere Bedeutung

Spezialeinheiten arbeiten nicht einfach an willkürlichen Zielen, sie beschäftigen sich mit Projekten, die größer sind als das Leben selbst. Aus Kommentaren von Menschen, die einmal für Musk gearbeitet haben oder es noch immer tun, geht hervor, dass sie von der tieferen Bedeutung ihrer Arbeit durchdrungen sind. Das manchmal regelrecht überirdische Streben des Unternehmens sorgt für eine nahezu religiöse Beseelung und Hingabe.

Wechselnde Herausforderungen

Spezialeinheiten stehen vor ständig wechselnden Herausforderungen, die stark an die persönlichen Qualitäten wie Tatkraft und Improvisationsgabe appellieren. Unter hohem Druck Leistungen abzuliefern, gibt den ultimativen Kick. Manche sprechen in diesem Zusammenhang von einer »sadomasochistischen Erfahrung«, andere beschränken sich auf »Gefühle wie Flow«. Bezeichnend ist, dass Menschen »vom Spirit« infiziert sind, von »unerklärlichen Kräften« angetrieben werden und zu »irrsinnigen Höchstleistungen« imstande sind. Obwohl Flow eine individuelle Erfahrung ist, können sich alle gegenseitig anstecken. Das geschieht, wenn der Funke überspringt und sich Menschen gegenseitig mit ihrem Drive und Enthusiasmus auf eine höhere Ebene bringen.

Permanent die Leistungen messen

Spezialeinheiten bekommen bei der Jagd nach klaren Zielen ununterbrochen Feedback zu ihren Leistungen. Jeder kennt seine Ziele, Aufgaben und Aktionspläne. Der Fortschritt wird permanent gemessen und man legt als Profi ständig Rechenschaft über die eigenen Leistungen ab. Darauf wird man von anderen auch immer direkt angesprochen. Es ist nämlich nicht glasklar, wann man Fortschritte erzielt und wann nicht.

Typisch männliches Zusammengehörigkeitsgefühl

Schließlich gibt es noch das starke Zusammengehörigkeitsgefühl. Die Mitglieder einer Spezialeinheit sind wie Brüder, die sich bedingungslos verstehen. Männer, die sich aufeinander verlassen können und sich gegenseitig im Gefecht unterstützen. Dieses Gefühl wird bei Tesla und SpaceX ebenfalls gefördert, mit dem Wissen, dass man ein Underdog ist, der es mit mächtigen Konzernen und Regierungen aufnimmt. Und wenn es sein muss, sogar mit ganzen Nationen. »Uns ist jeden Tag bewusst, wie verletzlich wir sind«, schreibt ein Mitarbeiter. »Das heißt: Wir gegen den Rest der Welt – hopp oder top.« Diese Zusammengehörigkeit entspringt dem Charisma und dem vorbildlichen Verhalten von Musk selbst. Er steht als Oberbefehlshaber nicht nur zwischen den Menschen, er ist auch in seinem Engagement authentisch.

Spartanisch

Noch eine letzte Bemerkung zu den Spezialeinheiten: Unter spartanischen Umständen widmen sie sich mit Herz und Seele ihrer Mission. Sicherlich, im Vergleich mit anderen Hightechkonzernen bietet Musk ungemein karge Arbeitsbedingungen: alte Fabrikhallen, ausrangierte Produktionsstätten und Abschussrampen. Ingenieure, die bei Raketenabschüssen beteiligt und von ihrem früheren Arbeitgeber daran gewöhnt waren, im Luxus zu baden, wurden in Gebäuden untergebracht, die mehr einem Studentenwohnheim glichen als einem Hotel. Manchmal scheint es, als wolle Musk die Arbeitsbedingungen noch karger machen. So weigerte er sich einmal, Geld in den Bau eines Wegs zwischen Hangar und Abschussrampe zu stecken. Deshalb mussten sie die Rakete und ihr Fahrgestell wie die alten Ägypter umsetzen«, schreibt Biograf Vance. »Sie rollten die Rakete über Holzstämme, wobei sie immer den letzten Stamm ergriffen und diesen rennend wieder vorne hinlegten.«

Geheimnisse lüften

Musk wirkt nun vielleicht wie ein unbequemer, bestimmender und detailversessener Nanomanager. Doch er hat auch eine andere Seite: Er vertraut anderen, teilt und delegiert mühelos.

»Gestern hatten wir noch eine mit Patentrechten vollgehängte Wand in unserem Hauptquartier. Das ist nun nicht mehr der Fall«, schreibt er im Juni 2014 an seine Mitarbeiter bei Tesla. Er entschließt sich zu einer Open-Source-Strategie: Andere Autofabrikanten erhalten freien Zugang zu der Technik und dem Wissen, an denen das Unternehmen jahrelang hart gearbeitet hat. Die Patente waren ursprünglich dafür gedacht zu verhindern, dass die Konkurrenz die technischen Erfindungen kopiert, um danach Tesla mit ihrer großen finanziellen und kommerziellen Macht vom Markt zu drängen. Das Gegenteil trifft zu, meint Musk: »Die Produktion von Elektroautos ist bei den großen Autofirmen nahezu gleich null. Patente ersticken Fortschritt und Innovation. Sie verankern die Position der großen Konzerne und bereichern die Anwälte und nicht die wahren Erfinder.« Wer die patentierten Technologien guten Willens einsetzen möchte, soll das tun. Sogar gerne, denn jeder Beitrag zur Bekämpfung des Treibhauseffekts ist willkommen.

Hyperloop: Rohrpost für Menschen

Ein anderes Beispiel ist das Teilen und Loslassen des Hochgeschwindigkeitsverkehrssystems, das Musk 2013 unter dem Namen Hyperloop präsentierte. Eine Riesenröhre mit niedrigem Luftdruck, in der Fahrzeuge mit einer Geschwindigkeit von bis zu eintausendzweihundert Kilometern pro Stunde hin- und herschießen. Schneller als ein Flugzeug auf einem Linienflug. Diese »Rohrpost für Menschen« eignet sich besonders dafür, Städte, die bis zu eintausend Kilometer voneinander entfernt liegen, miteinander zu verbinden. Selbstverständlich funktioniert das System mit Solarenergie. Ziel dieser Innovation ist es, die angekündigte California High-Speed Rail zu torpedieren. »Das wird der langsamste Hochgeschwindigkeitszug der Welt sein, aber für die höchsten Kosten pro

Kilometer. Sie schlagen hiermit einen unheilvollen Weg ein«, erklärt Musk. Der Hochgeschwindigkeitszug strahlt eine Mittelmäßigkeit und Selbstgefälligkeit aus, die Musk nicht verschmerzen kann. Sein Hyperloop kostet schätzungsweise zehnmal weniger und ist fünfmal schneller.

Bei der Ankündigung des Hyperloop erzählt Musk sofort, dass er keine Zeit hat, sich intensiv mit ihm zu beschäftigen. Die tatsächliche Denk- und Experimentierarbeit überlässt er deshalb einem weltweiten Netzwerk aus Universitäten und Unternehmen, die in einem Open-Source-Prozess, manchmal sich bekämpfend, ein anderes Mal auch zusammenarbeitend, das revolutionäre Verkehrssystem weiterentwickeln. Musk ist dabei als Inspirator und Mitdenker einbezogen, hält sich ansonsten aber im Hintergrund. Wenn es um Hochgeschwindigkeitsverkehr geht, stellt er andere ins Rampenlicht.

Musk, der ultimative Wavemaker

»Ich möchte einfach nützliche Dinge tun. Dinge, von denen ich überzeugt bin, dass sie die Zukunft verbessern. Ich will etwas hinterlassen, zurückblicken und sagen können: Die Dinge, die wir damals gemacht haben, machen den Unterschied aus.« Diese Worte sind typisch für Musk, den echten Wavemaker. Wavemaker sind Menschen, die auffallen, weil sie mit entblößtem Oberkörper auf einem Hügel ihren Tanz vollführen. Die andere inspirieren und begeistern, dasselbe zu tun. Mit ihrem ansteckenden Enthusiasmus spielen Wavemaker eine entscheidende Rolle bei der Entstehung und Entwicklung von Innovationswellen.

Auf unterschiedliche Weise beeinflussen sie das Denken und Handeln anderer Menschen. Als Superbosse durch das Hinzuziehen und die Entfaltung neuer Talente. Aber auch durch das Aussprechen visionärer Gedanken und das Verbinden von Menschen. Und sie üben in ihrer Rolle als Meinungsmacher – aus der Ferne bewundert für ihre Klugheit, Standpunkte und Leistungen – großen Einfluss aus.

Hypes mit Hollywoodformat

Auch letztgenannte Rolle ist Musk wie auf den Leib geschrieben. Er ist kein geborener Geschichtenerzähler wie Steve Jobs, doch seine Produktpräsentationen erzeugen ähnliche Begeisterungswellen. Das macht Musk zu einem mehr als gern gesehenen Gast auf Kongressen und anderen Events. Mit seinem Auftritt in dem Film *Iron Man* und als Hauptfigur in der Episode »The Musk Who Fell to Earth« hat er so etwas wie Hollywood-Kultstatus bekommen.

Vielleicht das Allerwichtigste: Er ist in den sozialen Netzwerken allgegenwärtig. Allein auf Twitter hat er etwa vier Millionen Follower. Wie groß die Macht dieses Mediums ist, zeigt sich, als er am 30. März 2015 einen Tweet mit der folgenden Botschaft in die Welt entlässt: »Eine bedeutende neue Produktlinie – kein Auto – wird nächsten Monat vorgestellt werden.« Er sagt nicht, was es ist, nur was es nicht ist. Der Effekt seiner Nicht-Botschaft war enorm. Einen ganzen Monat lang mutmaßen Hinz und Kunz, was es sein könnte: ein Elektroflugzeug, eine Smartwatch, ein Satellitennetzwerk. Alles kommt zur Sprache. Der Hype nimmt gigantische Ausmaße an und der Börsenwert von Tesla steigt um knapp eine Milliarde Dollar. Am versprochenen Datum lüftet Musk das Geheimnis. Die lang erwartete Solarbatterie für Privathaushalte – die Tesla Powerwall – wird kommen.

Bei der Präsentation des neuen Tesla Model 3 ist der Hype womöglich noch größer: Vierhunderttausend Menschen bestellen das Auto, das sie erst in einem Jahr in Empfang nehmen können. Gegen Bezahlung natürlich, denn an jeder Welle hängt ein eigenes Businessmodell.

Musk-Mini-Masterclass

Seien Sie ein »Influencer«, der die Sache ins Rollen bringt

Ein »Influencer« wird man, indem man Talente an sich bindet, andere inspiriert und als leuchtendes Vorbild auftritt – wie Musk. Nur wie gelingt Ihnen das?

- Sind Sie selbst ein Superboss, der Talente an sich binden kann? Stellen Sie sich diese Frage selbst: Warum sollten junge Talente für Sie arbeiten wollen?
- Gelingt es Ihnen leicht, die Ziele, die Ihnen wichtig sind, für die Sie aber eigentlich keine Zeit haben, loszulassen und anderen zu überlassen? Was hält Sie davon ab, dies öfter zu tun?
- Wie viele Menschen erreichen Sie als »Influencer« über traditionelle Wege und soziale Medien (es müssen nicht gleich Millionen sein)? Was unternehmen Sie, um regelmäßig mit Ihren Followern in Kontakt zu bleiben?

Die Welle geht weiter

»Wir hören erst auf, wenn jedes Auto auf diesem Planeten elektrisch ist.«

Elon Musk

Elon Musk ist ein Mann mit vielen Gesichtern. Optimistischer Hoffnungsgeber, aber auch cleverer Technikfreak mit Sachverstand. Er ist jemand, der den größten Ambitionen hinterherjagt, sich aber auch als ein pragmatischer Schachspieler offenbart. Ein Träumer. Ein Denker. Ein Macher. Und vor allem eine Kämpfernatur. Denn auch wenn es oftmals gerade nur knapp gut geht, bis jetzt hat sich alles, was er anpackt, in Gold verwandelt. In diesem abschließenden Kapitel werfen wir noch einmal einen Blick auf seine Qualitäten als Wavemaker. Und in die Zukunft: Wo steht Musk in einigen Jahren?

Wenn man sich einmal ansieht, was er schon alles geleistet hat, könnte man annehmen, Musk wäre mittlerweile hochbetagt. Nichts trifft weniger zu. Mit noch nicht einmal fünfzig Jahren

(Musk ist 1971 geboren) hat er noch (fast) sein halbes Leben vor sich und er hat gerade erst angefangen. 2006 fand der erste (misslungene) Raketenabschuss statt. 2008 rollte der erste Tesla Roadster vom Band und 2012 erblickte das Tesla Model S, das er völlig selbst entwickelt hat, das Licht der Welt. Musk steht am Steuer verschiedener exponentiell wachsender Unternehmen. Alles geschieht bei ihm in mörderischem Tempo. Dieser bizarre Träumer und Denker von Format überlegt sich seine Ideen schneller, als wir sie verstehen können. Er hat sich die Antwort schon zurechtgelegt, bevor wir die Frage überhaupt gestellt haben. Und als Unternehmer hoch drei leitet er zahllose Firmen und Projekte. *Always on the run*, dem Rest der Welt meilenweit voraus.

Musk bringt schlummernde Firmenzweige ziemlich durcheinander, was seinen frischen Ideen, seiner nie da gewesenen Tatkraft, dem Mut, den richtigen Menschen und seinem beachtlichen Schwung zu verdanken ist. Denn seine Erfolge kommen ja nicht widerstandslos zustande. Seine Erfolgskurve verlief alles andere als immer steil nach oben. Er hat die tiefsten Täler überwinden müssen. Es gab genügend Momente, in denen seine Mission frühzeitig zu versanden drohte. Für Musk nie ein Grund, das Handtuch zu werfen. Er richtet sich wieder auf und setzt noch eine Schippe drauf. Denn Musk gibt niemals auf.

Die fünf Wellen des Wavemaker

Wir haben Musk in diesem Buch als Wavemaker typisiert: Jemand, der nicht nur auf den Wellen der Erneuerung reitet, sondern sie auch selbst erzeugt.

1. Wellen der Hoffnung und Erwartung
2. Wellen neuer Einsichten und Möglichkeiten
3. Wellen der Ambitionen und Intensionen
4. Wellen energischer Tatkraft
5. Wellen intensiver Zusammenarbeit

Wavemaker stehen am Ursprung dieser Wellen. Sie sorgen dafür, dass die Wellen anschwellen und an Kraft gewinnen. Wie im Falle Musks werden aus ihnen sogar Flutwellen, die auch gegen Wellenbrecher beständig sind: Menschen, Gruppen und Organisationen, die alles daran setzen, die Kraft der Innovationswellen zu brechen.

Wogende Anführer

Wavemaker lassen sich auch als wogende Anführer umschreiben. Nicht zu verwechseln mit dienenden Anführern. Wogende Anführerschaft bedeutet, dass man sich nicht nur selbst, sondern auch andere in Aktion versetzen kann. Dass man dazu in der Lage ist, sich an veränderte Umstände anzupassen. Nicht, um mit allen Strömungen mitzuschwimmen, sondern aus eigener Energie selbst Wellen auszulösen. Nur so kann ein wogender Anführer neue Möglichkeiten erschaffen.

Wogende Autorität bedeutet nicht nur, dass man dynamisch ist, sondern auch, dass sich Gegensätze überwinden lassen. Musk ist ein wunderbares Beispiel für jemanden, der mehrere Elemente auf oftmals unnachahmliche Weise miteinander zu kombinieren versteht. Wir haben bereits öfter auf seine erfolgreiche Mischung aus Träumen, Denken und Handeln hingewiesen. Doch seine Kombinationskunst geht weiter. Ihm gelingt es beispielsweise, die negative Botschaft über den Untergang der Menschheit in die verlockende Möglichkeit zu übertragen, irgendwo anders im Weltraum zu überleben. Er belässt es aber nicht bei einem Traum, er versucht, seine Ambitionen vom außerirdischen Leben zu untermauern und zu ermöglichen.

Dabei drückt er der Wirklichkeit nachdrücklich seinen Stempel auf. Sein Wille ist Gesetz. Trotzdem offenbart Musk eine bemerkenswerte Geschmeidigkeit. Und er verbindet leicht »herrische« und »unherrische« Elemente. Er kümmert sich intensiv um Projekte, denen er Priorität gibt. Was ihn weniger interessiert, gibt er einfach aus der Hand.

Wo steht Elon Musk 2022?

Auch wenn es bei Megaprojekten natürlich immer Friktionen gibt, dürfte Musks Erfolgsgeschichte noch lange kein Ende finden. Sie hat, wie wir bereits zu Anfang des Kapitels festgestellt haben, gerade erst begonnen. Doch wir möchten gern wissen, wie es weitergeht. Besser gesagt, wie die Geschichte ausgehen könnte. Deshalb skizzieren wir hier drei mögliche Szenarien.

> *»Musk ist der Leonardo da Vinci des 21. Jahrhunderts.«*

Szenario 1: Musk rules the world

Das ultimative Erfolgsszenario. In circa fünf Jahren zeichnet sich ein Leben ab, das sich um alle von Musk in Gang gesetzte Aktivitäten und Unternehmungen zentriert. Von unseren von Solarenergie betriebenen Haushalten aus fahren wir mit unserem Tesla zur nächsten Hyperloop-Station, die uns zum nahegelegenen SpaceX-Flughafen bringt. Dort erwartet uns der Rest der Familie zu einem Wochenendausflug auf eine tropischen Insel. Selbstverständlich mit einem ultramodernen, elektrisch angetriebenen und deshalb lautlosen SpaceX-Flugzeug, das vertikal startet und landet. Während wir aufs

Boarding warten, essen wir eine nahrhafte und gesunde Mahlzeit aus dem 3-D-Drucker. Und in der Zwischenzeit nutzen wir intensiv die schnelle SpaceX-Satellitenverbindung. Klingt das unwahrscheinlich? Eigentlich schon. Aber unterschätzen Sie Musk nicht. Denn würde ihm das alles gelingen, wäre Musk mit einem Schlag die Wiederverkörperung von Thomas Edison, Henry Ford und Steve Jobs in einem. Der Leonardo da Vinci des 21. Jahrhunderts. Er hat schon häufiger unmögliche Dinge vollbracht. Wenn seine Träume wahr werden, ist er innerhalb kürzester Zeit der unschlagbare Tycoon, der wichtige, aber lange Zeit vernachlässigte Wirtschaftssektoren in den Händen hält.

Eine mögliche Variante zu diesem Szenario: Musk macht nicht länger allein weiter, sondern bündelt die Kräfte der mächtigen Unternehmen wie Apple oder Alphabet. Darüber wird momentan schon häufig gesprochen: Apple könnte nach den grauen Jahren seit Steve Jobs Tod nämlich ein paar kreative Impulse gebrauchen. Musk könnte sie geben. Umgekehrt benötigt Musk dauerhaft Kapital, und daran mangelt es weder Apple noch Alphabet. Eine Vernunftehe zwischen Parteien, die einander nicht wirklich schätzen und sich bis jetzt vor allem gegenseitig die Talente wegschnappen. Ausgeschlossen ist es jedenfalls nicht.

Szenario 2: MASA

Musk wiederholt das Kunststück aus der Anfangszeit seines Unternehmertums, das mit einigen Misserfolgen begann. Die angekündigte Anzahl verkaufter Teslas war bei näherer Betrachtung viel zu hoch eingeschätzt. Produktionspannen wegen falsch programmierter Roboter, aber auch wilde Streiks von unzufriedenen Mitarbeitern tragen eine Mitschuld daran. Das Management ist nicht für seine Aufgaben ausgerüstet. Klar, denn die Leitung eines Start-up-Unternehmens ist etwas anderes als die eines großen Produktionskonzerns.

Musk geht auf Nummer sicher und verkauft den Automobilzweig mit saftigem Gewinn an eine große deutsche Firma. Wie damals zu seinen Internetzeiten. Der Energiezweig und die Batteriefirma gehen in die Hände eines asiatischen Konzerns. In beiden Fällen bleibt Musk auf seinem Führungsposten, um den richtigen Kurs beizubehalten.

Was Musk mit all dem Geld anfängt? Er konzentriert sich hundertprozentig auf die Verwirklichung seines Traums: die Reise zum Mars. Die amerikanische Raumfahrtorganisation NASA wird in MASA umgetauft. M für Mars und für Musk. Denn Musk dominiert die internationale Raumfahrt: Er gibt den Ton an und entscheidet, was passiert.

Doch der Verkauf seiner anderen beiden Firmen bringt ihm von seinen enttäuschten Fans viel Kritik ein. Musk versucht, die negativen Emotionen zu dämpfen, indem er darauf hinweist, dass es ihm schließlich darum geht, das Umweltbewusstsein in der Autoindustrie zu stärken. Und das ist ja inzwischen geschehen. Er hat getan, was er tun musste. Das gilt auch für die Solarenergie. Und für den Rest: Sollen sie doch sehen, wo sie bleiben. Musk macht einfach, was er will. Und er will zum Mars. Um dort zu leben und zu sterben.

Szenario 3: Musk explodiert oder implodiert

Ein etwas pessimistisches, aber bestimmt nicht unwahrscheinliches Szenario ist dieses dritte. Der jahrelange verschwenderische Umgang mit seinen Kräften fordert seinen Tribut. Musks Gesundheit ist nach Jahren voller Stress und durchgemachten Nächten ernsthaft angegriffen: Er stirbt an einem Herzanfall. Oder er fährt nach einer Party todmüde mit seinem schnellen Tesla gegen einen Baum. Ende der Vorstellung. Nicht nur für Musk, sondern auch für seine Firmen. Denn ohne den Wavemaker fallen sie auseinander. Musk bleibt auf ewig eine zu jung gestorbene Ikone. Abschied nimmt er mit einer letzten Explosion: Seine Asche wird ins Weltall geschossen.

Eine mögliche Variante: Musk implodiert. Nach all den Jahren, in denen er seine Energie nach außen gerichtet hat, wendet er sich nun nach innen, um sein eigenes Universum zu erkunden. Mit seinen Fähigkeiten könnte das natürlich zu bahnbrechenden Ideen auf medizinischem, psychologischem und selbst spirituellem Gebiet führen. Ansatzweise hat er das bereits mit der Schule gemacht, die er 2015 insgeheim unter anderem für seine eigenen Söhne gegründet hat: Ad Astra – Lateinisch für »zu den Sternen« – bietet Kindern alles, was ihm selbst in seiner Schulzeit gefehlt hat. Eine sichere Umgebung, in der Kinder all ihre Talente entfalten können. Er unterrichtet dort sogar selbst. Man kann gewissermaßen sagen, dass er sich dort auch selbst unterrichtet. Er erfindet sich selbst neu. Er wird sozialer und richtet sich vollständig auf die neue Generation Musk 2.0. Denn sie ist die wahre Rückversicherung der Menschheit.

Was können Sie damit anfangen?

Wir haben dieses Buch vor allem wegen unserer Faszination von den wahnsinnigen Erfolgen des Visionärs, Erfinders und Unternehmers Musk geschrieben. Diese Erfolge haben wir versucht, anhand von fünf Erfolgsprinzipien zu erklären. Das eröffnet den Weg zu einem anderen, noch viel wichtigeren Ziel: dem Bewusstsein, dass jeder von uns den Unterschied ausmachen kann, mit den Dingen, wie wir tun.

Um selbst ein Wavemaker zu werden, müssen Sie aber nicht gleich zum Mars fliegen. Es gibt nur einen, den wahren Elon Musk. Doch es gibt Wavemaker in allen Schattierungen und Größen. In Ihrer direkten Lebens- und Arbeitsumgebung gibt es zweifellos Möglichkeiten genug, um Wellen auszulösen, womit auch Sie Einfluss haben und Großes bewirken können.

Und wenn nicht Sie, dann eben Ihre Kinder oder die Kinder Ihrer Freunde. Denn was sollte man sonst von der folgenden Geschichte halten? Ende Mai 2016 steht in einer Zeitung, dass ein Erfinder mit einem von Nikola Tesla inspirierten Apparat Strom aus der Luft erzeugen kann. Er behauptet, er sei geboren, um die Welt mit seinen Erfindungen zu verändern. »Vom ersten Tag an auf diesem Planeten wusste ich, dass ich aus einem bestimmten Grund hier bin. Und der Grund ist, Erfindungen zu machen und die Zukunft herbeizuführen.« Der Name des Erfinders? Max Loughan, damals kaum dreizehn Jahre alt. *The wave goes on.*

Nachwort von Martijn Arets

Bei der Entstehung dieses Buchs hat mich die abenteuerliche Geschichte von Elon Musk fasziniert, noch angefacht von den übersprudelnden Gesprächen mit Hans van der Loo und Patrick Davidson. Doch mit allem Respekt vor seinen Leistungen, man kann sich nach der Lektüre auch fragen, ob man selbst als Person oder Unternehmer das Steuer herumreißen möchte, um auf »Elon-Musk-Art« durchs Leben zu gehen. Mir scheint das keine gute Idee zu sein. Denn auch wenn alles, was er erreicht hat, bewundernswert ist, ist der Preis, den er für seine Erfolge bezahlt, hoch. Sein Ansatz mag typisch amerikanisch sein, denn seiner Erfolgsformel fehlt, glaube ich, eine Spur europäischer Entspanntheit. Nicht umsonst äußern Unternehmer/innen wie Danae Ringelmann, Gründerin der Crowdfunding-Webseite Indiegogo, bereits öffentlich den Gedanken, dass die Welt zwar aufregender wird, aber bestimmt nicht schöner, wenn amerikanische Unternehmer, besonders jene aus dem Silicon Valley, sie beherrschen.

Musk mag über ziemlich viele einzigartige Talente verfügen, doch bleibt zu bezweifeln, ob sein Lebensstil ihm genügend Raum für Reflexion bietet, für Ruhe und ein einfaches »Sein«. Außerdem bin ich neugierig, ob seine technische Art, Probleme zu lösen, wirklich so effektiv ist. Lässt dieser technische Ansatz denn auch weniger rationale Seiten zu, die bei der Lösung für menschliche und gesellschaftliche Probleme auftauchen können? Das Leben setzt sich nun einmal nicht nur aus praktischen Elementen zusammen. Und wir Menschen sind nicht immer logische Wesen. Im Gegenteil.

Wenn Sie dieses Buch gelesen haben, ist Elon Musks Mission wahrscheinlich bereits in der nächsten Phase. Wird er Erfolg haben? Oder nicht? Das sind Fragen, die viele Menschen heutzutage beschäftigen. Man kann sich auch fragen, ob Erfolg begrenzt ist. Ich denke schon. Nein: Ich weiß es. Alles im Leben ist doch den Prozessen von Wachstum, Stagnation und Verfall unterworfen. Aber was bedeutet diese Erkenntnis? Denn auch wenn die nächsten drei Raketen abstürzen und es Musk nicht gelingt, die Produktion von Tesla zu steigern, ist der Einfluss und die Auswirkungen seiner Taten enorm. Elon Musks Ziel ist es, die Raumfahrt zu revolutionieren und Mobilität und Energieerzeugung nachhaltig zu machen. Weil er sich um die Zukunft unserer Welt und der Menschheit sorgt. Mit den Leistungen, die er bis jetzt gezeigt hat, hat er sein Ziel bereits zu einem bedeutenden Teil erreicht. Andere folgen seinem Beispiel und stürzen sich in die Erneuerung wichtiger Wirtschaftssektoren. Sie lassen sich von seinen Ideen inspirieren und knüpfen daran an. Oder stehen massenhaft Schlange, um seinem Beispiel zu folgen. Musks Mission ist deshalb schon jetzt geglückt: Die Wave ist in Bewegung.

Martijn Arets
Leiter der Crowd Expedition und Share-Economy-Experte

Dank

Zwischen dem Startschuss für ein Buch und seiner Veröffentlichung können Jahre vergehen. Aber nicht im Falle von *Musk Mania*. Dieses Buch hat sich wie von selbst geschrieben. Beim Zusammentragen des Materials über Wavemaker sind wir andauernd auf Elon Musk gestoßen. Fasziniert haben wir beschlossen, ihm ein eigenes Kapitel in unserem noch nicht veröffentlichten Buch über Wavemaker zu widmen. Und dieses Kapitel wurde schließlich zu *Musk Mania*.

Uns standen viele Menschen mit Rat und Tat zur Seite. Einige möchten wir nennen und uns bei ihnen bedanken. An erster Stelle Isabel Timmers. Sie hörte zu, glättete Texte, strich weniger wichtige Passagen und half uns mit überraschenden Ansichten weiter. Wir möchten sie zu Recht als Co-Autorin bezeichnen.

Martijn Arets, der das Nachwort verfasst hat, danken wir für sein Wissen über und seine Begeisterung für das Thema der Wavemaker. Vivianne Smiggels gestaltete den Buchumschlag der Originalausgabe. Und das ohne jegliche Erfahrung. Glückwunsch! Eva de Valk, Silicon-Valley-Expertin und Autorin eines Buches über das Silicon Valley, danken wir für ihr Feedback und das Vorwort. Auch Phil Larson (SpaceX), Anton van der Wulp (Tesla Motors) und Dirk Ahlborn (Hyperloop Transportation Technologies) gilt unser Dank.

Großer Dank auch der regen Crew von Vakmedianet, dem Verlag der Originalausgabe dieses Buches: Neeltje de Kroon, Freek Talsma, Astrid Geraats, Laurens Molegraaf, Monique Krol und Anneke van Dijk. Mit unnachahmlicher Begeisterung, mit Improvisationstalent und Tatkraft haben sie dieses Buch ermöglicht.

Wir widmen dieses Buch unseren Kindern: Sebas, Joran und Cas. Sie sind unsere Hoffnungsgeber in spe. Sie stellen die wichtigen Fragen und jagen großen Ambitionen nach. Sie sind die Wavemaker der Zukunft.

Hans van der Loo und *Patrick Davidson*

Quellen

Für *Musk Mania* haben wir Dutzende Bücher, Hunderte Videos und Tausende Artikel und Blogs zurate gezogen. Hier die wichtigsten Quellen. Mehr Informationen und Updates zum Text finden Sie unter: www.muskmania.com.

Bücher

Diamandis, Peter H. und Kotler, Steven: *Bold: Groß denken, Wohlstand schaffen und die Welt verändern.* Kulmbach 2015

Downes, Larry und Nunes, Pablo: *Big Bang Disruption: Strategy in the Age of Devastating Innovation.* London 2014

Finkelstein, Sydney: *Superbosses – How Exceptional Leaders Master the Flow of Talent.* London 2016

Ginneken, Jaap van: *Het enthousiasmevirus.* Amsterdam/Antwerpen 2012

Grant, Adam: *Nonkonformisten: Warum Originalität die Welt bewegt.* München 2016

Kolind, Lars and Bøtter, Jacob: *Unboss.* Deventer 2014

Lane, Randall: *You Only Have To Be Right Once – The Unprecedented Rise of the Instant Tech Billionaires.* London 2014

Newport, Cal: *Konzentriert arbeiten: Regeln für eine Welt voller Ablenkungen.* München 2017

Snow, Shane: *Smartcuts: Wie Querdenker und Business-Ikonen Erfolg beschleunigen.* Offenbach 2015

Tiel, Peter und Masters, Blake: *Zero to One: Wie Innovation unsere Gesellschaft rettet.* Frankfurt 2014)

Tjan, Anthony K., Harrington, Richard J. und Hsieh, Tsun-Yan: *Heart, Smarts, Guts and Luck – What It Takes To Be an Entrepreneur and Build a Great Business.* Boston 2012

Valk, Eva de: *Silicon Valley – Waar de toekomst wordt gemaakt.* Amsterdam 2013

Vance, Ashlee und Musk, Elon: *Elon Musk: Wie Elon Musk die Welt verändert. Die Biografie.* München 2015

Vorst, Roland van der: *Hoop – Hoe we door de toekomst worden verleid.* Amsterdam 2009

Artikel und Blogs

- www.businessinsider.de
- www.elonmusknews.org
- www.glassdoor.de
- www.inc.com
- www.indeed.de
- www.quora.de
- www.spacex.com
- www.technewsworld.com

- www.tesla.com
- www.theverge.com
- www.waitbutwhy.com

Videos

Elon Musk: *The mind behind Tesla, SpaceX, SolarCity.* Interview von Chris Anderson (TED) mit Elon Musk: www.youtube.com/watch?v=IgKWPdJWuBQ .

Elon Musks Vision for the Future. Interview mit seinem Freund Steve Jurvetson. www.youtube.com/watch?v=SVk1hb0ZOrE.

Ein Bericht über die legendäre CRS-8-Mission, als die Falcon 9 Rakete am 8. April 2016 auf dem Drohnenschiff »Of Course I Still Love You« landete. www.youtube.com/watch?v=7pUAydjne5M.

Tesla Motors – The Future of Electric Cars – National Geographic Documentary. www.youtube.com/watch?v=WgKU7Vugln4.

Elon Musk tours the SpaceX Complex (2010). www.youtube.com/watch?v=19PohMJwKRw.

Making Life Multiplanetary: Auf www.spacex.com/mars finden Sie sowohl das Video als auch weiteres Material über die beeindruckende Präsentation von Elon Musk aus dem Jahr 2017.

Anmerkungen

1 Der MBTI basiert auf dem Werk Carl Jungs und unterscheidet vier entgegengesetzte Klassifizierungen. Die erste ist Extraversion (E) versus Introversion (I): Holt man sich Energie und Information aus dem Umfeld und von anderen Menschen oder aus den eigenen Ideen und Gedanken? Die zweite ist Sensorik (Sensing, S) versus Intuition (N): Orientiert man sich primär auf konkrete Fakten und Beziehungen zwischen gegensätzlichen Fakten? Die dritte ist Denken (Thinking, T) versus Fühlen (Feeling, F): Trifft man Entscheidungen aufgrund von logischen und objektiven Fakten oder lässt man sich primär von Gefühlen leiten? Die vierte Klassifizierung ist Beurteilung (Judging, J) versus Wahrnehmung (Perceiving, P): Lässt man sich durch Listen und Pläne lenken oder geht man improvisierend vor? Das Ergebnis eines Fragebogens besteht aus vier Buchstaben, die viel über den Charakter und die Persönlichkeit eines Menschen verraten.

2 Musk ist nicht nur der Eigentümer von SpaceX und Tesla, sondern auch Investor bei einem Satellitenkonzern (Surrey Satellite Technology), einer Frage-und-Antwort-Webseite (Mahalo.com), eines Onlinebezahlsystems (Stripe, das bemerkenswerterweise mit PayPal konkurriert), einer Firma auf dem Gebiet der künstlichen Intelligenz (Vicarious, auch beachtlich, wenn man seine Aversion gegenüber dem

Thema in Betracht zieht), ein Betrieb, der sich mit neurowissenschaftlichen Forschungen beschäftigt (NeuroVigil), und außerdem gilt er als der Ideengeber des blitzschnellen Transports (Hyperloop). Er unterstützt verschiedene Wohltätigkeitsorganisationen (Musk Foundation, Tesla Science Center, Future Life Institute, OpenAI) und sitzt im Vorstand der XPrize Foundation.

3 Siehe: YouTube-Kanal von The Boring Company: www.youtube.com/watch?v=u5V_VzRrSBI

Über die Autoren

Hans van der Loo ist Soziologe mit besonderem Interesse für Energie und deren Einsatz. Er ist außerdem als Berater, Publizist und Redner tätig.

Patrick Davidson ist darauf spezialisiert, die Leistung von Startups sowie von konventionellen Organisationen zu steigern.

Beide sind sie Mitbegründer von Betterday, einem Unternehmen, das sich der effektiven und schnellen Verhaltensänderung verschrieben hat, und von EnergyFinder, dessen Ziel es ist, Unternehmen zu helfen, die Energie ihrer Mitarbeiter mithilfe von Energie-Management zu verbessern.

Copyright © Iris Borst